江西理工大学清江学术文库
资助出版

江西省教育科学规划重点课题(18ZD040)
江西省高校人文社会科学研究项目(JC18113)
江西省教学改革研究课题(JXJG-19-7-25)
江西理工大学博士启动基金项目(jxxjbs17067)
资助研究

平台革命背景下的治理对策研究

刘家明 ◎ 著

·长沙 2020·

前 言

进入21世纪后，平台革命悄然发生，它以不同的角度、方式和程度驱动着经济、政治、社会和科技的变革，从而极大地改变整个世界。“平台正在吞食整个世界”，平台时代已经到来，这无疑是对当下经济生活中的世界革命和世界观的精准概括。蓦然回首，你会发现，我们的社交、娱乐、购物、支付、教育、出行等社会生活再也离不开平台。平台实践已在各行各业广泛开展，平台经济如火如荼，平台战略炙手可热。各类组织都在搭建平台，开展平台型治理，推动平台化转型。

平台是一种经济景观，平台商业模式正大放光芒。近几年，在全球十大市值公司的排名榜中，苹果、微软、谷歌、亚马逊、脸书、阿里巴巴、腾讯占据了其中的七个席位，而在10多年前，排名榜里面的大多是金融、石油、零售、制造等行业的巨头。放眼世界，很容易发现那些发展得最好或最快的组织几乎无一例外都是平台组织。国外的爱彼迎(Airbnb)、领英(LinkedIn)、优步(Uber)、易贝(eBay)以及国内的滴滴、美团、字节跳动等平台公司都是迅猛发展的例证。不仅如此，传统行业的巨头们正在进行平台化转型。家电制造业的海尔、通信设备巨头华为、房地产行业的万达以及经销商苏宁、京东等企业的平台化转型十分成功。平台是一种社会景观，来自全球各个角落的人都可以基于平台开展广泛的交换、交流、竞争、合作，仅仅脸书和腾讯的社交平台就聚集了全球一半的人口。城市治理、社区服务领域的平台模式正在应用、推广，很多城市的传统社区服务中心正在向社区社工服务中心转型，有的已经非常成功。

如上所述，我们不得不承认平台革命正在席卷全球，正在改变整个世界。影响深远且深入持久的平台革命将我们带入了精彩纷呈的平台时代，但是很少有人能够对其进行通俗而又精辟的解释。《平台革命》一书由全球著名的三位平台研究专家合作撰写。杰奥夫雷 G. 帕克(Geoffrey G. Parker)和马歇尔 W. 范·埃尔斯泰恩(Marshall W. Van Alstyne)都是麻省理工学院的博士、前世界平台战略峰会主席，在《哈佛商业评论》合作发表了多篇平台战略研究论文，他们共同提出的双边市场理论对产业组织学的发展具有划时代的意义。第三作者桑基特·保罗·邱达利(Sangeet Paul Choudary)是美国平台思维实验室的创办者，为很多知名企业提供了平台战略咨询与指导。该书系统深入地阐述了平台革命的性质、缘由、影响、趋势及其带来的治理挑战，并主要探讨了企业的应对策略，为本研究奠定了基础并提供了有益的启发。本书主要从治理现代化的视角，分别从企业平台领导、政府、社会、大学及个人等主体的立场探索平台革命背景下的治理对策。

平台革命最直接、最显著的影响就是平台经济的大发展、大繁荣。以多边平台商业模式为核心的平台经济凭借其网络效应、范围经济与规模经济效应以及基于生态价值网络的体系竞争力，不仅应用领域分布广泛，已成为跨域、跨界的新兴经济业态，而且催生了社会服务业的繁荣发展，还助推了传统产业的升级和政府治理的创新。尤其在互联网等数字技术的驱动下，其生态连接、促进互动与降低交易成本的功能得到了前所未有的释放，在自身规模得到迅猛发展的同时，对传统的各行各业和整个经济社会及政府治理产生了深远的革命性影响。企业平台领导是平台经济时代的主角，是平台商业生态的核心，更是平台创新与平台生态系统自治的主导者。推动平台演化是平台领导的能力体现与责任所在，也是主动迎接平台革命的必然结果。中国政府应站在主导全球平台经济格局的战略高度，明确平台经济的战略地位和作用，扮演平台经济的领导者与促进者，致力于推动平台经济规范健康发展的合作共治。

平台革命产生了建设性和消极性的重大影响，也给政府治理带来了挑战。只有积极抓住平台发展机遇、化解平台风险、改进平台治理，才能更好地迎接平台革命。政府的平台革命发生在两个层面：应对平台经济问题而做出的治理变革和政府的公共事务平台型治理及公共品供给的平台战略。为此，第三章探讨了在平台革命时代，政府的治理变革、如何运用多边平台战略提高公共就业培训服务绩效以及地方公共卫生应急体系优化的对策——多边平台创建与平台型治理。

针对政府的平台型治理与平台战略，这里提出几点政策建议：一是要前瞻性地设计平台规则，健全能够包容创新、鼓励共享互惠和约束负外部性的平台制度体系；继续推出扶持平台发展的优惠政策，强化平台服务支撑，鼓励平台型创新与创业。二是树立平台思维，避免过度干预。针对平台经济发展与平台型社会中遇到的新矛盾、新问题，平台型治理应该多一些包容，采取适合平台经济社会发展的水平思维，摆脱传统的管控型垂直思维。平台不是干预的结构，而是合作共享的机制。三是加强多边用户与多方建设者合作的平台型治理。首先，推动开放政府的建设，开放治理权力和政府数据，大力发展平台基础设施，以公共平台供给为主线，根据平台规则进行治理，实现基于多边平台的公共品多元供给、公共服务协作创新和公共事务合作共治。其次，要求企业平台和社会组织自律，公开平台自治规则并配合支持行业监管、社会监督、多边用户参与监管。最后，培育平台型治理的社会基础——社会组织，完善政府购买社会服务的政策。

在平台时代，无论是公共组织还是私营部门，都必须连接平台生态系统及其价值网络来实现价值创造和创新，因而平台型创新模式呼之欲出。旗帜鲜明地提出平台型创新与平台型创业，不仅丰富了平台型治理的内涵，而且对于转换“双创”模式、提升“双创”效果意义重大。平台型创新是基于多边平台的空间、规则及价值网络的一种创新模式。不同于二十世纪八九十年代用于产品开发和生产工艺创新的生产平台自主创新，平台型创新是一种开放的多元主体互动合作的创新模式。平台型创业是指创业者利用多边平台的空间载体、基础设施、渠道网络、用户基础、信息与技术等资源，尤其是借用多边平台创造价值的机制和平台生态系统中的社会关系及价值网络等无形社会资产，对自己的平台补足品供给拥有经营控制权，按照多方共赢原则进行开放合作的创业模式。第四章主要研究了平台型创新创业的机理与路径。

置身于平台时代与平台革命浪潮之中，大学的组织管理、教学育人与后勤服务也深受影响。大学建设平台型组织是时代的使命，也是由大学的学术共同体属性与合作治理属性决定的。大学平台型组织建设要摆正行政系统的位置和治理理念，对学术系统赋权释能并激发学术创造力，提供治理支撑体系和平台服务，设置一种能够替代官僚制的多边平台模式和平台组织结构。大学人才培养的多边平台模式的实质是高等教育供给开放的合作治理模式，是平台革命的大势所趋，是对教育资源稀缺与供给侧改革的回应，是高校素质教育与开放式合作办学的必然。在外卖平台等平台商业模式的冲击下，大学食堂等后勤服务也正在进行平台化转型。总之，通过教育治权的开放、供给侧教育资源的整合、多元利益主体间的互动合作与共治，大学正在悄悄地发生平台化转型。

平台革命的影响是广泛而又深远的，不论你是领导还是员工，是供应商还是消费者，是专家学者还是普通人，不论你从事何种工作，是求职者、在职者还是创业者，平台革命都已经改变了你的工作、学习与生活，并且这种改变会在未来变得更加明显。新时代的领导树立平台思维既是迎接平台革命与融入平台时代的大势所趋，也是进行组织激励与员工发展的客观需求，还是优化组织合作战略的重要指引与提升竞争优势的内在要求。尤其是青年人，唯有树立平台思维才能更加理性地认识平台革命的积极影响和负面影响，才能让平台时代的学习生活更加积极健康，才能胜任平台组织的工作，或通过创建平台、在平台上创业来释放自己的潜能。

综上所述，在平台革命时代，平台经济崛起，平台组织兴盛，平台型治理与平台化转型如火如荼。平台革命不仅仅是科技革命，而且是一场观念、制度的重大变革与商业模式、组织范式、治理模式的革命，更是一场社会革命。因为它连接的、整合的、促成的都是人与人之间的交互，创造并分配了人类的价值。平台革命必然呼唤新的治理模式与治理对策。为此，政府、社会、企业、大学及个人都是这场革命的对象，也是这场革命的主体。唯有携手并创新治理对策，才能更好地迎接平台革命，融入平台时代，抓住发展机遇。

目 录

第一章 平台革命及其治理挑战

【本章摘要】

互联网平台与多边(双边)平台模式相互融合引发的平台革命由于网络技术和网络效应叠加的爆发力，通过改变、征服传统的行业而颠覆了传统的市场、产业与组织，将整个世界带入了平台时代。平台革命远没有结束，它正在向公共服务和社会治理领域拓展。平台革命不仅是商业模式、组织范式、战略模式的革命，更是一场观念与社会的变革，还是一场治理范式与治理观念的变革。平台革命带来了大量机遇和光明前景，同时其中也充斥着危险和挑战，对经济社会产生了消极和积极的双重影响。平台失灵与平台风险给平台组织自身和政府治理带来了困境与挑战，包括责任及监管难题。政府、社会、企业和个人都要对平台革命做出创造性的响应，以融入平台时代、改进平台治理、化解平台风险。

第一节　平台革命的若干基本问题

一、平台革命的界定

平台革命实际上是平台模式的推广应用过程及其产生的重大冲击力与颠覆性影响。平台模式及其运作原理、功能优势孕育着平台革命的潜在爆发力，再加上互联网，终于将其引爆。

（一）平台的概念及形态

平台经济学和平台战略学语境中的“平台”均指双边（多边）平台。“双边平台”起源于诺贝尔经济学奖得主 Tirole 等人提出的“双边市场”概念，这是一种把供需两侧用户连接起来，促进其直接交易的市场[①]。在双边市场中，平台是把不同类型的用户连接起来借以提供互补产品、服务和技术的基础性产品或服务[②]。随着平台实践的发展和理论研究的深入，双边平台已进化为多边平台，平台已不再局限于产品、服务等具体的表现形态。把平台界定为某一具体形态（包括组织）的任何定义都显得过于狭窄，因为平台模式及其革命的范围及趋势在不断地突破现实。可以将“平台”理解为促进多元用户群体进行价值“互动的结构”。平台自身不介入用户之间的直接互动，而是构建一个有着活跃互动的双边市场，平台在其中充当连接者、匹配者、互动促进及规则设计者。在经济领域，平台是一种基于外部供应者和顾客之间的互动创造价值的商业模式，平台为这些互动赋予了开放参与的架构，并为

---

① Rochet, J. C., Tirole, J. Platform Competition in Two-sided Markets[J]. Journal of the European Economic Association, 2003, 1(4): 990-1209.

② Thomas Eisenmann, Parker G, Van Alstyne M. Strategies for Two-sided Markets[J]. Harvard Business Review, 2006(11): 1-10.

互动设定了治理规则。平台模式及革命早已超越了经济领域，政治、社会领域的公共事务已经越来越多地选择基于多边(双边)平台的治理[①]。在现实中，多边(双边)平台的实践也丰富多彩，还可以由传统生产平台、技术平台演化而来并与之混合，因此平台模式和平台建设存在多维取向[②]。

(二)平台的运作模式

平台的目标就是把用户聚合在一起，促使他们交互，并实现互惠互利。平台为这些参与者提供基础设施、工具、规则，让交互更加便捷、低成本、高质量。因而平台的首要目标是“匹配用户，通过商品、服务或社会货币的交换为所有参与者创造价值”[③]。归结起来，平台运作模式包括四个要素：拉动，吸引供需用户群体；匹配，通过信息机制、筛选机制对用户进行精准匹配，确保高质量互动；促成，通过服务、规则和工具促成用户之间的互动；变现，实现自身的价值。形成平台体系架构是创建、运作、治理平台的关键任务。平台设计要确保核心交互成为可能，关键是要确保平台能够吸引、促进和匹配用户的交互。平台要提供便捷和易操作的交互工具以促成交互的完成，还要有效地匹配用户，保证产品和服务能够高效、精准地交换，让用户互利互惠、相得益彰。

合约控制权的开放既是平台运作的前提，也是其核心识别的

---

① Marijn Janssen, Elsa Estevez. Lean Government and Platform-based Governance[J]. Government Information Quarterly, 2013(30): 1-8.

② 刘家明. 公共平台建设的多维取向[J]. 重庆社会科学, 2017(1): 29-35.

③ [美]杰奥夫雷 G. 帕克，马歇尔 W. 范・埃尔斯泰恩，桑基特・保罗・邱达利. 平台革命[M]. 北京：机械工业出版社，2017：6.

标准[①]。开放不应仅限于供给侧的生产者，广大的消费者也是核心利益相关方，他们理应具有参与监督、评价、反馈的治理权利。平台管理不仅要关注网络效应，更要关注互动的数量与质量，关注平台的价值创造、价值分配与价值获取。平台的价值与赢利主要由网络效应创造。平台具体从四个方面创造价值：提供价值创造、提供市场、提供工具、内容管理。对于消费者来说，能够获取平台上所创造的价值，能够获得提高交互治理的内容管理机制，更好地实现供需匹配；对于生产者或第三方供应商来说，能够加入平台社区或双边市场获得商机和交易机会。

（三）平台革命及其性质

多边（双边）平台模式由来已久。在封建社会，农村集市和城市广场就是典型的例子。但在彼时，平台革命并没有爆发，因此平台革命不单单是多边（双边）平台模式的革命。只是随着互联网的普及，平台模式才以席卷全球之势表现出全新的内涵、庞大的规模、巨大的冲击力。因此，平台革命实质上是多边平台模式与互联网平台交融后的推广应用过程及其产生的重大冲击力与颠覆性影响。

首先，平台革命是组织经营模式与发展战略的革命。平台模式放弃了依靠传统的自有资源、核心竞争力，转变为调用外部资源和激发社群活力。平台战略颠覆了组织的运营模式，模糊了其资源能力、业务边界，促使组织由内部聚焦——关注价值链、核心资源和竞争力，转向外部聚焦——关注生态系统、价值网络、社群互动、合作共赢。因此，基于价值网络的平台战略模式是对价值链、五力模型等战略模式的颠覆。

---

① Andrei Hagiu & Julian Wright. Multi-sided Platforms［J］. International Journal of Industrial Organization, 2015(43): 162-174.

其次，平台革命也是组织范式的革命。平台是一种组织模式，那些发展最快、市值最高的组织，尤其是互联网公司无一例外都是平台组织。不仅传统的制造与零售企业纷纷寻求平台化转型，很多社会组织也在进行平台化转型。

最后，平台革命必然还是人自身的革命。因为多边平台与互联网平台连接的对象主要是人。在平台时代，人们的工作方式、创新方式、合作方式、沟通方式、消费方式、娱乐方式均将发生天翻地覆的变化。只有转变观念、树立平台思维，才能更好地利用平台经济、融入平台时代。

二、平台革命缘何发生

很难考证平台革命是在哪一天发生的，这不仅是因为多边平台模式早已有之，而且因为"互联网+多边平台"实践模式的革命也不是突如其来的。平台革命的发生是时代孕育的必然结果，更是人类对官僚制组织、传统经营模式与平台模式的比较优势进行选择的结果。

（一）时代的孕育

在信息技术的推动下，世界平坦化的进程加快。"世界是平的"，意味着每个组织和个人都能够在世界范围内参与各种交互。平台模式打破了各种固有的障碍，能够使世界上任何地方的个人和组织出于各种交互目的进行合作。社会财富和权力会越来越多地聚集到那些成功创建或连接到平台的主体那里①。在全球化3.0时代，平台模式无疑为各种形式的交互、合作、创新与治理提供了空间载体、创造价值的模式与规则。随着互联网革命的推动，

① ［美］托马斯·弗里德曼. 世界是平的［M］. 长沙：湖南科学技术出版社，2008：157-159.

“互联网+各行各业”的发展模式已经成为政府和产业界的共识。以互联网为核心的信息技术提升了捕获、分析及交换大量可增加平台价值的数据的能力，这在很大程度上降低了平台建设与扩张的难度与成本，而且基本上消除了参与者之间的摩擦，使交易成本大大降低①。因此，基于平台的交互模式成为必然的选择。在社会权力多元化和用户主权的时代，竞争更加激烈，用户需要的往往是多样化的选择权利和动态化的解决方案，显然，单一组织仅凭自有资源是难以满足的。只有像多边平台这样的市场型组织和基于生态系统的价值网络才能够在供给侧纳入各类价值主体，使得资源和能力得以整合，才能在需求侧满足用户的多元化需求。

（二）平台组织相对于官僚制组织的比较优势

官僚制自诞生之日起，其优势和弊端都是显而易见的，只是在彼时的工业化时代和相对稳定的环境中，其优势更加显著。但是在当今的不确定性时代和高度复杂性环境中，官僚制组织的弊端日益凸显，其症结广受诟病，表现在以下几个方面：首先，组织的驱动力是领导而不是市场，员工听领导的而不是听用户的。因此，很多官僚制组织跳不出员工被动工作和创新乏力的困境。其次，组织责任在领导，员工的责任很容易推卸到领导或制度那里。因为责任和权力都集中于高层领导手中，一旦最高领导疲劳，就会出现拖延，一旦最高领导昏庸，就会出现致命问题。再次，在官僚制组织中，层级节制与控制取向的管理方式和单向垂直、文山会海般的沟通方式，很容易滋生官僚主义的作风，导致极低的工作效率，而且会影响士气。最后，追求预算最大化的倾向容易产生部门本位主义，不仅引发中央集权主义与部门本位主

---

① ［美］马歇尔·范阿尔斯丁，杰弗里·帕克，桑杰特·保罗·乔达利. 平台时代战略新规则［J］. 哈佛商业评论，2016(4)：56-63.

义的纠结，而且使整个官僚组织绩效低下。相比之下，平台组织赋予了员工更多的权力、责任和利益，使其在需求侧可以灵敏地获取用户的个性化需求，在供给侧灵活地整合各类资源和能力，激发员工和用户，形成供需之间的高效连接和高质量互动。平台组织采取“共享平台+不同价值创造体”的运作模式①，不同价值创造体在平台上彼此平等、各施其能、互相促进，最后相得益彰、各得其所。

（三）平台模式打败管道模式的优胜之处

企业的传统经营基本遵循管道模式：供应者在管道的一端，消费者在管道的另一端，通过迈克尔·波特笔下的线性价值链一步一步地创造价值。在管道结构中，组织与上下游企业直接交互并控制着互动，一般遵循买入卖出模式。但在平台结构中，平台组织、生产者、顾客处于一个多变的关系网络中，平台并不控制互动，而是促成生产者与消费者之间的直接互动，并帮助他们提高互动质量。平台既不享有生产者的剩余索取权，也不干预互动过程，而是为互动提供服务、工具、规则、空间、渠道。相对于管道模式，平台模式的优势之处体现在三个方面：第一，平台模式不是利用自己控制的资源创造价值，也不需要对生产资源拥有所有权，而是整合供给侧广泛的、分散的资源，授予它们生产和创新的权利，于是平台开发了价值创造的新来源，毕竟自有资源总是有限的，因此能够比管道模式的增长更加迅猛。第二，平台最大的价值是由社群用户创造的，供给者、需求者都汇聚在平台上直接沟通、交互与反馈，平台工具为互动提供了信息筛选与甄别机制、匹配机制、跟踪机制，能够提高互动和匹配的质量。第三，

① 穆胜．释放潜能：平台型组织的进化路线图［M］．北京：人民邮电出版社，2018：71．

平台不用像管道守门人那样管控着从供应商到顾客的价值传递，而是通过赋权释能消除了“守门人”，不仅使规模化更加有效，而且用户有更多的选择权来满足多元化的需求①。这些也是平台模式完胜管道模式的原因。

（四）网络效应的爆发

全球化3.0时代和世界平坦化的进程孕育了平台革命，互联网革命的推动和“互联网+”模式的发展为平台革命储备了能量，用户主权时代的市场竞争驱动着平台革命的到来。相对于官僚制组织及其管道模式，平台模式展示出了显著的比较优势。以上均为平台革命的爆发积攒了力量，而最后的导火索就是平台模式中网络效应的激发。平台的迅猛增长、巨大冲击力和颠覆性均源自网络效应的激发。平台的开放平坦与不对称定价使用户能够轻易地进驻平台创造价值，而网络效应吸引着用户，使它们乐意进驻，从而产生了需求方的规模经济。同边网络效应、跨边网络效应与交叉网络效应主要表现在以下方面：需求者对其他需求者、潜在需求者的吸引，多元供给者与多样化需求者之间的相关吸引，互补品供给者与需求者之间的相关吸引。最后，这些多边用户之间相互“捆绑”、相互促进，欲罢不能，从而产生了巨大的需求方规模经济，像雪球那样越滚越大，由此诞生了大批的“平台帝国”。因此，是网络效应点燃了平台革命的导火索。

三、平台革命的影响

平台革命通过改变、征服传统的行业而颠覆了市场，改变了竞争思想、竞争战略和竞争格局，但也对经济社会产生了负面影

---

① ［美］杰奥夫雷 G. 帕克，马歇尔 W. 范·埃尔斯泰恩，桑基特·保罗·邱达利. 平台革命［M］. 北京：机械工业出版社，2017：7-14.

响，并给公共治理带来了挑战。

（一）平台革命对传统行业的颠覆

互联网技术与多边平台模式的融合，极大地提高了平台的覆盖面、扩张速度、进驻便捷性，使得平台组织具备了颠覆传统行业的革命性力量。平台革命对传统行业的颠覆体现在三个方面：其一，开发新的供应源以重构价值创造模式，颠覆传统的供给行为——自产自销和买入卖出模式，通过借助外部主体的生产与创新连接着广泛甚至无限的生产资源与创新者。其二，产生新型消费行为以重构价值消费，平台连接着世界上各个角落的消费者，这些消费者通过平台能够找到陌生的买家并进行广泛的、便捷的多样化选择。其三，用户社群驱动内容管理以重构质量管控体系，通过监督评价权的开放、信息机制和算法以及社区反馈回路，实现供需精准匹配，提高用户互动和内容管理的质量。平台对传统行业的颠覆产生了几项结构性影响：一是资产与价值的脱钩，即将实体资产的所有权与其创造的价值脱钩，开放其使用权、经营管理权后，效率和价值大幅提升；二是重构中介，依靠算法和社区反馈，极大地提高了平台作为中介的效率和信誉；三是市场集中，通过将无序的、分散的市场集中起来，即连接起广泛分散的供给侧和需求侧主体，平台提供了集中化的市场，大大节约了交易成本，产生了需求方规模经济①。

（二）平台革命改变了竞争

平台改变了竞争思想。在平台的世界中，合作与共同创造比竞争更重要，价值网络的缔结比对资源的控制更重要。在传统的

---

① ［美］杰奥夫雷 G. 帕克，马歇尔 W. 范·埃尔斯泰恩，桑基特·保罗·邱达利. 平台革命［M］. 北京：机械工业出版社，2017：68-72.

通用战略和波特的战略思想中，公司的战略目标是在外部建立壁垒使公司在竞争中免于受损，公司通过控制资源、提高效率来应对五种竞争力的挑战，以获得市场竞争优势。“五力模型”忽略了网络效应及其创造的价值，该模型视外力为消耗式的。在平台战略思维中，可以吸收外力来为平台增加价值，原本具有威胁性的供应商和客户反而成为平台的资产，当然平台领导还需要关注外力何时榨取或增加生态系统价值。

平台改变了竞争格局，助推了市场垄断和赢者通吃。平台连接了供需两侧大量的供应资源和需求资源，与此同时产生了强大的需求方规模经济和供应方规模经济。强大的、多元的网络效应的激发，更加剧了规模经济效应。同时，可能存在高昂的多归属成本或平台转换成本，特别是在缺乏利基的专业化市场中，赢者通吃的“平台帝国”很可能出现。

平台改变了竞争策略。传统的竞争策略主要是依靠自有资源和核心能力取得竞争优势，平台竞争策略主要依靠生态系统和价值网络来取得整合的竞争优势。平台的竞争策略体现在以下方面：限制平台访问预防用户的多归属行为；促进第三方创新，并获取创新的价值；利用数据的价值，改进互动质量和价值创造；平台的业务包抄与覆盖战略。这些竞争策略都依赖于平台方的平台架构与治理规则设计能力。

（三）平台革命的影响范围

平台革命是一场改变组织范式和组织运作模式的巨变，必将深刻影响经济社会的每个角落，包括消费者、生产者、中介机构、创业者以及政府机构。容易发生平台革命的行业：信息敏感性行业，信息资源的重要程度越高，该行业发生平台革命越容易，例如媒体、电信、物流；不具扩展性，需要人来把关的行业，人力资源成本高昂是电子商务平台、数字平台发展的重要诱因，例如零售和出版；高度分散的行业，搜索成本和不确定性带来的交易成本高昂，为平台整合供给侧资源和需求侧资源提供了机会，例如出租车、租房行业；信息显著不对称的行业，无法公平、便捷地获取有关商品或服务的关键信息、价格、质量，这为平台型交易创造了机会，例如二手市场。但在高监管行业（如政府、医疗），由于治权开放十分有限，它们受平台革命的影响较小；在资源密集型行业（如农业、矿产）中，由于信息发挥的作用十分有限，传统的生产运作模式较少受到冲击。但随着时间的推移，这些行业中越来越多的业务、工具和资源会连接到互联网、物联网，每个行业都有可能成为信息密集型行业，因而终将受到平台革命的冲击、渗透。蓬勃发展的物联网、大数据、云计算为平台增加了新的连接和工具，必然为平台革命的持续发生增添新的动力①。

第二节　平台革命的治理挑战与应对框架

一、对平台革命的评价

以“互联网+多边（双边）”平台模式为核心特征的平台革命延续了互联网革命的冲击性，借助平台模式的网络效应产生了叠加的爆发力，从而颠覆了传统的市场、产业与组织，并影响了整个世界。平台模式通过连接供需多元主体、整合供给侧资源、匹配，促成供需之间的互动，将双边市场的经济机制和生态系统的价值网络引入组织运作，模糊了市场和组织的界限，发挥了市场和组织各自在配置资源中的优势，降低了各种互动的交易成本，因而极大地提高了资源配置和使用效率。平台革命对人类的贡献

---

① ［美］杰奥夫雷 G. 帕克，马歇尔 W. 范 · 埃尔斯泰恩，桑基特 · 保罗 · 邱达利. 平台革命［M］. 北京：机械工业出版社，2017：262-264.

不仅在于推动经济快速增长、高效满足人类的需求，还在于为各类经济社会主体的潜能释放、价值实现创造了广泛的机会，为全球各行各业、各个角落的人们之间的合作、创新、交流提供了开放的支撑体系与互动结构。

平台革命不仅仅是科技革命，更是一场观念、制度的重大变革与商业模式、组织范式、战略模式的革命。因此，平台革命不仅是经济革命，更是一场社会革命，因为它连接的、整合的、促成的都是人与人之间的交互，创造并分配了人类的价值。平台革命还远没有结束，它不仅正在颠覆广泛的经济领域，而且正在向社会领域、政治领域扩散。平台模式将继续影响劳动力市场和专业服务市场的变革，教育领域为平台革命做好了准备。教育平台建设正在如火如荼地开展，学术模式和人才培养模式正在发生平台化转型。即便是在当前受平台革命的影响较小的行业中，如政府、医疗、能源等，终将弥漫平台革命的硝烟。蓬勃发展的物联网为平台增加了新连接和价值网，必然为平台革命持续发生增添新的动力。

二、平台革命的治理挑战

平台革命通过改变、征服传统的行业而颠覆了市场，改变了竞争思想、竞争战略和竞争格局，也对经济社会产生了负面影响，并给政府治理带来了挑战。平台革命造成的潜在负面影响可能包括以下方面：造成垄断势力，损坏公平竞争和阻碍技术创新；垄断与信息不对称造成对消费者权益的损害，例如押金问题、产品质量问题、安全问题和艰难的维权；对传统行业的颠覆性影响及由此造成的失业、行业衰退、实体经济不景气等社会经济问题；规模庞大的平台社群或“平台帝国”还可能对政治及公共政策、公共舆论造成负面影响和压力；平台利益凌驾于社会利益之上引发的社会和谐与公平问题；逃税漏税、商业欺诈等商业诚信问题和负外部性问题；个人隐私泄露的信息安全问题以及信息、技术的泄露可能涉及的公共安全问题。平台对传统行业的颠覆和对竞争格局的冲击，将不可避免地引发利益相关者的权益保障难题，继而使政府陷入监管困境。

平台企业的运作模式及其垄断引致的监管难题可能包括以下方面：法律责任问题，涉及民商法、劳动法规等，如侵权赔偿、劳动纠纷的法律责任认定难题；诚信问题、质量问题、安全问题及信息不对称带来的外部监管难题；数据隐私和安全问题及由此产生的监管难题；平台企业的逃税漏税及税收政策难题，诸如在哪一个环节以及对谁收税的问题；平台访问及监管难题，诸如平台的排他性访问权、独占权是否合理，是否涉嫌垄断，是否抵制有益的创新，是否影响了平台兼容，从而给消费者造成不必要的困扰；平台定价及监管问题，诸如平台的定价是否涉嫌不正当竞争，是否存在对消费者和市场的潜在操控，尤其是对于过低价格的审查——是通过不对称定价激发网络效应，还是赶走竞争对手①。

平台连接着多元利益主体，推动着形形色色的各种交互。然而平台上的很多交互行为已经超越了既有法律、习俗的约束，必然产生一些新的不确定性、风险与挑战，在社会现实中已引发了法律、责任、伦理等方面的问题。平台失灵与平台风险常常引发人们的担忧，也给平台组织自身和政府治理带来困境与挑战。所有这些都需要我们正确地认识、评判平台革命的性质、影响与趋势。在平台时代，政府不可能置身事外。政府不仅需要对商业平台革命做出回应，促进平台经济的健康规范发展；面对平台经济革命的新问题、新挑战，政府也需要在治理职能、监管政策等方

---

① [美]杰奥夫雷 G. 帕克，马歇尔 W. 范 · 埃尔斯泰恩，桑基特 · 保罗 · 邱达利. 平台革命[M]. 北京：机械工业出版社，2017：239-252.

面做出调整。不可避免的是，平台革命还将进一步触及政府的自身建设，引发政府在组织形态、公共品供给、创新模式、公共治理机制等方面的变革。

三、平台革命的应对思路

平台革命带来了大量机遇和光明的前景，同时其中也充斥着危险和挑战，对经济社会产生了消极和积极的双重影响。为此，政府、社会、各行各业和我们个人都要对平台革命做出创造性的、人性化的响应。

（一）抓住平台革命机遇，融入平台时代

平台时代是大势所趋，平台革命不可逆转。应对平台冲击和颠覆的自然法则就是适应平台时代的发展，抓住平台革命机遇，自觉地响应平台革命。

首先，企业作为平台革命的第一主体，要用平台思维打量自身的产业及业务，关注核心交互及其限制性因素，连接平台生态系统来促进交互，信息密集型产业更应如此。企业融入平台时代，要么通过平台转型，创建平台或进驻别人的平台开展业务，变管道模式为平台模式，要么通过平台型创新满足市场需求。

其次，政府作为平台革命的推动者、掌舵者和守护神，有三项使命：一是推动自身在政府职能、组织形态、治理模式等方面的变革，以更好地助推平台经济和政府治理。二是政府出台平台扶持政策，对于事关民族产业国际竞争力、国家创新力的平台企业与产业予以支持。此外，积极推动社会组织的平台化转型，借助社会组织推动公共事务的平台型治理转型和公共服务的平台式供给转型。三是维护平台世界的安全、诚信、公平和有序，保障利益相关者的合法权益。

最后是个人对平台时代的全面适应与平台革命的高度融入。

个人在平台中扮演多种身份和角色，个人完全可以通过平台抓住就业、创业、教育、培训的机会，通过连接平台释放自己的潜能，借助平台将自己的劳动力、资金、技能等资源和能力转变为自己想要的价值，还可以通过社交平台施展自己的社会影响力。同时，个人要自觉遵守道德和法律法规，合理规避平台风险。

（二）迎接平台挑战，改进平台治理

平台模式的兴起和冲击带来了严峻的治理难题，既有的治理规则难以应对平台时代的新问题。这不仅需要平台内部的自治，也需要外部的监管，以确保平台的公平运营①。传统的政府监管无法应对平台革命带来的挑战，需要与主办者和管理者共同努力、合作共治。多边平台涉及多元利益相关者的利益，平台主办者和管理者应公正有效地解决平台价值创造与价值分配问题。良好治理的目标是创造价值，并将价值公平地分配给所有为平台创造价值的人。因此，"生态系统治理是平台组织的必备基本技能"，平台组织必须明智地选择平台访问者并规定访问者的权限，还必须留意平台上的互动者、参与者的进驻情况和绩效指标，做到合理监控，并加强平台互动②。平台治理可以综合运用法律法规、行为规范、体系结构和市场机制等治理工具。平台自治是有效管理平台的关键，自治需要遵循几个原则：内部透明化，以促进资源共享、互动合作，防范平台孤岛；提高用户的参与度和话语权，公平参与比平台所有者的独裁能创造更多的价值。让渡用户主权、赋予话语权是伟大的平台治理，因为尊重用户的平台能够获得用户最多的回报。治理应该动态化，良好的治理既要鼓励

---

① Geoffrey G. Parker, Marshall Van Alstyne. Platform Strategy [Z]. New Palgrave Encyclopedia of Business Strategy, New York: Macmillan, 2014.

② [美]杰奥夫雷 G. 帕克，马歇尔 W. 范·埃尔斯泰恩，桑基特·保罗·邱达利. 平台革命[M]. 北京：机械工业出版社，2017：59.

第三方参与，又要鼓励在对话基础上的合作治理、灵活治理和新型技术基础上的智能治理①。

（三）治理平台失灵，化解平台风险

平台治理的目的是确保平台能够促成高质量的互动来创造价值，而前提是化解平台风险、防范平台失灵。平台的常规性治理以平台主办方牵头的生态系统自治为主，而负外部性、重大风险的治理同时还需要政府的权威监管。首先，需要通过透明度、互动质量保障机制、保险机制等机制设计来增强市场的安全性，确保高质量的良性互动，同时要减少拥挤和负外部性行为、机会主义行为。其次，需要通过良好的规则和工具来治理信息不对称、负外部性、垄断等失灵症状。最后，平台治理要特别注意网络效应问题，因为网络效应是平台运行机制的核心，关系到平台的价值创造。平台方擅长对平台上的市场失调进行监管，但往往出于自利而不会采取行动来提高社会福利。因此，需要政府利用法律权威、行政规制与经济处罚、强制执行力等手段来监管平台。但政府也存在被俘获的可能，也会陷入信息不对称的困境，因此不能单一地依赖于平台方的自我监管或是单一的政府外部监管。平台、政府和用户等主体的多元化合作治理才是根本出路。在治理平台失灵的同时，政府监管者应保持适度宽松的态度，以便鼓励平台创新，因为平台的壮大需要一个过程。因此，政府要考虑是否有必要介入对平台的监管，对此可以参考 Evans 提出的监管流程②。当然，前提是政府监管的方式必须进行变革。

首先，监管必须基于数据的透明性，平台必须为政府监管和

---

① ［美］杰奥夫雷 G. 帕克，马歇尔 W. 范·埃尔斯泰恩，桑基特·保罗·邱达利. 平台革命［M］. 北京：机械工业出版社，2017：166-178.

② David S. Evans. Governing Bad Behavior by Users of Multi-sided Platforms［J］. Berkeley Technology Law Journal，2012（27）：1201-1250.

公开审计提供开放的数据。政府可以要求平台定期披露访问权限、产品质量、平台绩效和核心交互等关键信息。其次，监管必须是基于开放的问责。监管不仅仅是政府的事，而且政府作为外部主体的单方监管存在这种局限性，因此开放监督和问责权利是有效监管平台的必然条件。平台是社群利益共同体之一，利益相关方都有动力和义务行使监督、问责权利，而且它们作为局内人，有更大的动机和更多的信息来实现有效监管。监管对于用户来说，本身就是一种权利，这种权利可以对其他用户施加影响从而维护自己的权益。最后是二者的结合——数据驱动的开放式问责。政府监管者要求平台运营者必须给予用户获取数据的权限，而且不经平台许可就可以开展监督，将平台置于用户和公众的透明监督之下①。

① [美]杰奥夫雷 G. 帕克，马歇尔 W. 范 · 埃尔斯泰恩，桑基特 · 保罗 · 邱达利. 平台革命[M]. 北京：机械工业出版社，2017：252-254.

第二章
平台经济治理与企业平台领导

【本章摘要】

平台经济的性质决定了内外部相关利益主体的协同共治是其治理的基本方式和规范健康发展的根本出路。平台经济分散治理的困境直接推动着多元主体、多重机制的协同共治，平台经济规范健康发展已被纳入中央政府的政策议程。本章从治理机制设计的视角考虑了激励相容的平台规则、合作共治的交易成本，并构建了平台经济协同共治的框架。平台经济协同共治的主要对策：平台方的进入管制及其推动的开放共治、用户互评与动态监控，政府对平台治理规则及负外部性行为的审查与权益保障，行业组织推动的专业监管、行业自律与公开听证，基于信息技术的工具创新与大数据治理。

企业平台领导是平台经济时代的主角，是平台生态系统及其创新与治理的核心。推动平台演化是平台领导的能力体现与责任所在，也是主动迎接平台革命的必然结果。国外平台领导研究已经取得了一些重要成果，并引起了国际国内学者的广泛关注，对平台领导实践产生了重大的启发意义，为此有必要进行研究进展上的总结与评价。平台演化是平台革命的一部分，是平台战略与平台领导研究的一个切入点。本章试图建构平台演化的整体图景，分析平台形态、平台规模、平台间关系网络的演化方向、演化路径，总结平台发展演化的历程及其建设任务、规律与趋势。研究发现，多形态混合平台与多环状平台网络将是平台演化发展的重要方向。

第一节 从分散监管到协同共治：平台经济规范健康发展的出路

一、问题的提出

以多边平台模式为核心的平台经济，凭借其网络效应、范围经济与规模经济效应以及基于生态价值网络的体系竞争力，不仅应用领域分布广泛，已成为跨域、跨界的新兴经济业态，而且催生了社会服务业的繁荣发展，还助推了传统产业的升级和政府治理的创新。尤其是在互联网等数字技术的驱动下，其生态连接、促进互动与降低交易成本的功能得到了前所未有的释放，在自身规模得到迅猛发展的同时，对传统的各行各业和整个经济社会产生了深远的革命性影响。由此，形成了全球性的平台革命浪潮，注定了21世纪必然是平台经济的时代①。在平台时代，平台经济不仅是全球经济增长的新引擎，也是中国经济保持快速增长的新动力。据阿里研究院预计，到2030年，中国的平台经济规模保守估计将达到70.4万亿元，如果得到良好治理和规范发展很可能突破100万亿元②。因此，平台经济良性治理与健康发展的重大

① [美]杰奥夫雷G. 帕克，马歇尔W. 范·埃尔斯泰恩，桑基特·保罗·邱达利. 平台革命[M]. 志鹏，译. 北京：机械工业出版社，2017：16.

② 阿里研究院，德勤研究. 平台经济协同治理三大议题[R]. http://i.aliresearch.com,2017.

意义是不言而喻的，以至于在2018年与2019年连续两年的中央政府工作报告中提出大力发展平台经济的战略决策。

平台经济的广泛连接性、生态系统性、开放共享性、互惠共赢性、增长爆发性等特征，展现了其复杂性与治理的挑战性。平台经济在推动平台组织与经济社会发展的同时，也对传统行业、组织产生了颠覆性影响。由此，平台经济的负面影响、风险与失灵等问题接踵而至：第一是机会主义与负外部性行为带来了商业欺诈等商业诚信问题，尤其是造成了消费者权益侵害问题，例如产品质量问题、消费安全问题、泄露隐私问题；第二是平台的垄断风险与恶意竞争威胁，垄断势力破坏了公平竞争，阻碍了技术创新，规模庞大的平台社群或“平台帝国”还可能对公共政策、社会舆论造成负面影响和压力；第三是信息不对称带来的平台企业自身发展的“柠檬问题”、委托代理问题及政府监管难题。平台经济的负面影响将不可避免地引发利益相关者的权益均衡与权益保障问题，继而产生平台治理的困境与挑战。

然而多年来，平台经济的分散监管模式并没有很好地解决平台经济的风险与负面影响。因此，平台经济的规范治理与健康发展仍然是亟待研究和解决的难题。为此，2019年8月，国务院办公厅发布了《关于促进平台经济规范健康发展的指导意见》。基于这样的现实背景、政策背景，提出的研究问题是平台经济分散监管为何难以解决平台经济的风险与挑战；如何由分散监管走向协同治理，有何思路与对策。

平台经济的“双刃剑”影响与治理问题已引发学界、业界和政界的密切关注。多年来，学者们分别研究、提出了政府规制与法律监督模式、平台方监管模式、用户监督模式以及政府与平台方的二元监管模式、平台方与用户的合作监督模式。由于平台经济具有广泛连接性、超级覆盖性和庞大规模以及由此产生的社会公权力、经济颠覆性和冲击力，显然需要多方的协作。政府和平台方一元或二者合作的二元模式，难以应对现实中平台经济的复杂性和失灵风险。因此，一方面需要政府转变观念和职能，调动和发挥社会主体、平台企业及消费者等多元利益相关者的优势，推动平台经济的合作治理与创新①；另一方面，需要平台企业具备平台生态系统可持续发展的战略意识与生态思维，赋权释能，推动多边用户参与治理。2017 年，阿里研究院发布了《平台经济协同治理三大议题》，为平台经济协同共治提供了借鉴，也为本研究提供了有益的启示。

二、平台经济分散监管的困境

平台经济作为经济新业态和新模式，必然伴随着新问题和新挑战。面对这些问题和挑战，政府和市场并没有现成的、行之有效的监管规则、方式与手段，总体上仍然沿袭市场分散治理模式：依靠传统竞争机制来实现竞争对手间、供需间的市场力量制衡；地方政府基本秉持“问题”导向而选择事后监管；行业自律与社会监督若有若无、若隐若现。因此，平台监管往往出现“头痛医头，脚痛医脚”的治理困境，缺乏系统性的、预防性的协同治理。

（一）平台自我管制的局限

平台实际上是主办方或（和）所有者安排治理规则、承运方与多边用户执行规制的一种治理支撑体系。主办方或（和）所有者（简称“平台方”）是平台生态圈的创建者、领导者，理所当然地承担着普遍的、必要的管制责任，而且平台方拥有强大的治理权力——具有与法定产权相联系的强大排他权和“门卫”权力，排他

---

① 魏小雨. 政府主体在互联网平台经济治理中的功能转型[J]. 电子政务，2019（3）：46-56.

权往往是最重要的权力①。但平台运作与治理是一个复杂的平衡系统，如同“演员走钢丝”②。即便平台凭借强大治权实施自我管制，在现实中仍然暴露出诸多困境与局限。

平台自我管制是逐利本质驱使的一己私利优先行为。第一，在有限理性和缺乏战略远见的情况下，面对巨大的短期利益诱惑，平台方可能出现损人利己的投机主义倾向和短视行为。例如，通过押金圈钱或虚假信息、假冒伪劣商品侵吞消费者利益。第二，为了扩大用户规模和利润池，平台方有意放松管制或监管不力，从而产生了质量问题、安全问题等风险。第三，由于平台扩张的“帝国主义”倾向，平台通过对竞争对手的包抄覆盖、兼并收购来不断扩大规模，很大程度上形成了垄断势力，牺牲了竞争带来的资源配置效率，破坏了公平的竞争环境，并抑制了创新。第四，平台过度开放就容易导致失去可控性的风险。平台过于开放，安全性难以保证，用户层次不同；造成用户过多，服务跟不上或平台拥挤；过度的开放还可能导致产品碎片化、质量难以监管、口碑难以统一等问题③。最后，平台企业也面临着各种威胁、风险与挑战，例如难以突破用户临界规模、前期投入巨大且短期难以回收成本，因而容易诱发平台前期送福利、挖陷阱而形成垄断后填陷阱、侵吞福利的行为策略，给消费者造成巨大的心理落差和消费困境。

（二）政府规制的困难

平台经济作为发展迅速、应用广泛的新业态，带来了一系列

---

① Kevin J. Boudreau, Andrei Hagiu. Platform Rules: Multi-sided Platforms as Regulators [R]. Working Paper. Harvard University, 2008.

② [美]戴维·埃文斯，理查德·施马兰奇. 连接：多边平台经济学[M]. 张昕，译. 北京：中信出版社，2018：34.

③ 陈威如，余卓轩. 平台战略[M]. 北京：中信出版集团，2013：69-70.

新的问题，给政府规制与监管带来了困难和挑战。其一，平台基于生态网络的开放合作模式，带来了法律责任认定及追究的困难。平台对多边用户合约控制权的开放，可能产生权责不对等、责任分散的难题。例如，产品质量问题是平台方负责还是该产品的开发商、生产商、运营商负责或共同担责，实际上取决于在平台与用户的合约关系中关于权责安排的条款。一旦合约关系不够明确或完整，就容易引发权责纠纷和监督困难。既有的民商法、劳动法、消费者权益保障法难以解决平台事件中的责任认定、侵权赔偿、劳动纠纷的新问题。其二，对于平台垄断监管的困难。例如不对称定价是否涉嫌价格歧视，这种价格歧视是合理的还是违法的；免费或补贴的价格策略是否涉嫌不正当竞争，平台先补贴消费者然后不断涨价或进行掠夺性定价是否存在对消费者和市场的潜在操控；过低价格是激发网络效应的策略还是赶走竞争对手的垄断行为；与定价相关的"羊毛出在羊身上"现象，是公平合理还是损害了消费者权益。又如平台访问及监管难题，排他性访问权、独占权是否涉嫌垄断，是否抑制创新，是否给消费者造成了困扰①。其三，问题丛生以及信息不对称引致的政府监管力不从心与难以监管的困境。例如：逃税漏税发生在哪个环节以及如何征管；对频发的质量问题、诚信问题、安全问题如何进行系统的治理和预防；数据及隐私安全问题带来的监管难题。

在大量出现的新问题、新困难和新挑战面前，相关的法律法规要么滞后（例如电子商务法比实践晚了至少 15 年），要么不健全。因此，地方政府往往选择性地进行事后监管，即涉及人命关天的大事、严重的市场纷争或出于社会舆论压力时，才出面调解或做出行政处罚。显然，这是一种非系统性的、非预防性的、非

---

① [美]杰奥夫雷 G. 帕克，马歇尔 W. 范・埃尔斯泰恩，桑基特・保罗・邱达利. 平台革命[M]. 志鹏，译. 北京：机械工业出版社，2017：239-252.

法制性的监管，必然造成监管不全、无力、滞后的局面。在应对平台上的负外部性行为时，法律和政府规制总是不完全的，而且成本高昂，在技术上难以进行有效监测①。因此，面对覆盖广泛的平台服务业，政府的确难以监管其动态服务过程和服务质量。

（三）市场自发监督与社会监督的困局

双边市场中的平台竞争不同于一般市场上的企业竞争，不仅体现为生态系统间的体系竞争，而且必然是伴随着一定垄断势力的基于价值网络的竞争。网络效应的激发很容易推动平台规模的壮大、垄断势力甚至是“赢者通吃”局面的形成。平台凭借垄断势力扼杀或阻止潜在的市场进入者，覆盖或收购现有的竞争者，与互补者广泛结盟，构建庞大的平台网络体，进一步推动着垄断，侵蚀着其他竞争性的监督力量。有些平台滥用垄断权力，阻止平台间的对接兼容与互联互通，甚至禁止用户的多属行为（如“3Q”大战），提高用户的转换成本，直接造成用户的不便甚至权益受到损害，而享受免费的消费者只能选择忍气吞声。还如，一些新兴的技术企业在创办之初就受到“平台帝国”的业务包抄、免费定价、恶意挖人的威胁，最后只能选择被动收购，除了“卖个好价钱”之外别无选择。因此，平台垄断破坏了公平的竞争环境，使得竞争性的市场力量制衡无法形成，市场力量的自发监督难以开展。

此外，来自社会公众、社会媒体、社会组织的监督势单力薄、若有若无。首先，社会公众的“有限理性”和搭便车困境使得他们在尽情享受平台部分免费服务的同时，往往忽略了服务质量和潜在风险及安全威胁，更不愿意花费高昂的监督及交易成本。只有

① David S. Evans. Governing Bad Behavior by Users of Multi-sided Platforms [J]. Berkeley Technology Law Journal, 2012(27): 1219-1220.

自身核心利益直接受到损害的平台用户或竞争者才可能借助媒体通过某一社会事件大力渲染平台的危害，施加舆论压力甚至道德绑架，此时监督合力似乎又过度了。例如，一旦使用滴滴的乘客出现人身安全事故，滴滴就可能受到媒体、出租车利益集团的大肆攻击。最后，商会、协会等行业组织由于其运作模式和经费结构上的局限，对平台成员的监督形同虚设，亦无法站在中立的立场上形成客观有效的监督。第三方评价机构等的社会监督严重不足，共同造成了社会监督的困局。

（四）分散监管的困境及成因

除了上述主体各自的单独监督的局限，平台的分散监管还存在主体间的冲突和责任推卸的难题。一旦平台上的产品质量出了问题，就会产生责任难题：是经营者的责任，还是平台所有者的责任，或是政府监管者的责任。例如，2015 年 1 月，阿里巴巴和国家工商管理部门相互指责：前者指责后者抽检不合程序和不规范，贸然公开其过低的产品合格率；后者认为前者假货率过高，没有担负起监督检查责任。但阿里声明，假货对于阿里长远发展不利，自己有义务监督，但对于一亿多种商品，自己的治理体系和监督力量难以奏效。

综上所述，由于市场主体自发监督与社会组织监督存在困难，平台的经济风险与失灵治理基本上处于平台方与政府的双元监督模式之中。因为平台自我管制在逐利动机的驱使下，必然选择平台方或平台生态圈的利益优先策略，而且凭借其垄断权和排他权，势必牺牲用户的权益或破坏市场竞争机制，影响社会创新和资源配置效率。又因为法律法规监督的滞后性以及政府规制的不完全性、高昂成本与信息不对称，平台经济的有效治理依靠政府单方的外部监管是不可能实现的。因此，平台与政府的双元监督范式无法有效解决平台型网络市场中出现的信息不对称及其引发的逆向选择、安全风险与服务质量问题[8]。平台自治失灵、政府规制失效与社会治理参与不足共同促成了平台经济治理的困境。因此，平台经济要实现规范有序、健康可持续的发展，多元利益主体的协同共治是必然的出路。

三、平台经济协同共治的思路

平台经济的风险治理与规范发展需要多元利益主体的参与。鉴于多元主体各自单独监督的局限和分散监管的困境，平台监管主体之间既不能推诿责任，更不能相互指责，而是要各负其责地合作，发挥各自的能力和优势。事实上，平台经济是一种由平台所有者与承运者、商品提供者、互补服务提供者、消费者、政府监管部门、第三方机构等多元利益相关者组成的复杂生态系统。这些主体共同构成了大规模的社会化协作体系，直接决定了平台经济是一种开放共享、多元参与且需要协同共治的经济形态。平台经济的参与者能够互相影响、相互合作、协同治理，进而为创造更大的价值提供可能性。其关键在于安排激励相容的规则，通过机制设计和技术手段，调动多元主体参与治理的积极性，降低共治的交易成本，综合发挥多元主体、多种机制的治理优势，提升协同治理的效果。

（一）激励相容的规则，充分利用协同治理的动力与优势

平台经济规范健康的发展需要外部监管者、平台方及多边用户的协同治理。平台经济治理实质上是关于平台利益相关者之间的权利规则安排。一套有效的治理规则必须能够整合参与者的利益和社会整体福利，诱导参与者的建设性行为并抑制其机会主义行为。因此，为了整合多元主体的利益、实现治理权力制衡、推动治理主体合作、形成协同治理合力，治理规则的赋权释能与激励相容非常关键。激励相容在于能提供给每个治理主体以激励，

使他们在最大化自身利益的同时也能推动着整体治理目标的实现，这是治理规则安排的基本原则，也是协同共治的前提。安排平台治理规则的核心就是要让相关群体形成利益共同体，吸引并激励相关群体进驻平台，并各尽所能地努力经营与创新，同时约束与限制负外部性行为与分配性努力，让进驻平台的主体都能从平台繁荣中获益。而平台作为一种社群利益共同体①，为激励相容的治理规则安排提供了可能。

平台是社群共同体，利益相关方都有动力和义务行使治理权利，而且作为局内人，他们有动机与信息优势来参与监管。首先，供需两侧的多边用户是交互行为的当事人，因此是平台经济行为的直接责任主体。用户监管本身就是一种权利，这种权利可以对其他用户施加影响从而维护自己的权益。因此，安排多边用户参与平台治理符合激励相容原则，能够调动其参与治理的积极性。其次，平台方是多边用户的联络者、交互行为的促进者以及交互空间、治理规则的提供者，负有监管的首要责任。平台方具备着强大的动机和信息优势，且具有产权及由其衍生的排他权等权力和丰富的管制手段。在处理负外部性行为及进行行为矫正时，平台方更接近行为主体，因此比政府在实行管制时更加迅速有效，监管更加频繁，且实施成本更低②。最后，政府履行着市场监督管理、促进经济健康可持续发展的职责，是平台经济利益纷争的最后裁定者，也是平台经济风险与失灵治理的终极承担责任者，不仅需要其发挥治理优势，更需要其在平台经济元治理的规则安排中发挥不可替代的重要作用。

---

① [美]戴维·S. 埃文斯，理查德·施马兰西. 触媒密码[M]. 陈英毅，译. 北京：商务印书馆，2011：33.

② David S. Evans. Governing Bad Behavior by Users of Multi-sided Platforms[J]. Berkeley Technology Law Journal, 2012(27): 1219-1220.

(二)机制设计与技术辅助，降低共治的交易成本

降低交易成本不仅是平台激发网络效应、提高运行效率的基础，更是多元主体参与平台治理的有力保障。降低治理的交易成本首先要依赖于优化与创新的机制设计，其次是选用高效便捷的监督技术，尤其是信息技术。机制设计必须考虑三个基本问题：(1)激励相容的治理规则和明晰的权责体系；(2)治理机制的信息效率与信息成本，治理机制应该降低信息不对称和不完全的程度，鼓励信息优势主体主动地披露信息和发送信号，诱使利益相关者显示真实信息；(3)合作行为及监督的交易成本，除了信息成本，还涉及合作治理过程中协商、监督、风险防范与利益纠纷处理的成本，因此建立稳定的互动反馈与动态治理机制，设计一种自主的互相监督与评价机制，有助于提高治理规则的实施效果①。

平台经济的生态性、开放性特征与平台治理的多元主体决定了平台治理机制必然是多元的、综合性的、动态的。在现实中，平台确需综合运用多种治理机制和管制技术来降低负外部性、复杂性、不确定性、信息不对称、合作困境导致的平台运作成本。政府的平台经济规制与元治理从外部推动平台的自治、市场机制的发挥、多边用户和社会主体的参与治理，并为市场机制、社会机制、平台自治机制的结合与协同提供元治理规则。市场机制的发挥和自发监督必须依靠成熟的公平竞争机制、信息披露机制、声誉机制、消费者权益保障机制和第三方的评价与裁判制度。社会机制的形成有赖于诚信等社会资本的发育、社会组织的成长和行业的自律规范。平台方是生态系统的掌舵者，是平台业务的主

---

① [美]利奥尼德·赫维茨，斯坦利·瑞特. 经济机制设计[M]. 田国强，等译. 上海：格致出版社，2014：26-30.

办者或平台组织的所有者，理应在治理机制设计中发挥主导作用。平台方拥有更多的信息优势、丰富和直接的管制工具，比政府部门能够更加迅速有效地实行动态监管，因此应该不断修订、完善平台方的自治机制并推动生态治理。

(三)多元主体协同共治的框架

平台经济的性质从根本上决定了内外部利益相关主体参与的协同是治理的基本方式[2]。平台面临的多重挑战和分散治理困境直接推动着平台治理向着多元合作基础上的深度高效参与治理转变①。但是平台经济协同治理不会自动实现，要有同一的目标，要有激励相容的规则激发协同共治的动机，要有多元主体参与并能发挥各自优势的治理方式，要有高效合作的交互机制，这些共同构成了平台经济协同共治的框架(见图 2-1)。政府的法律法规和扶持政策、平台方安排的自治规则、行业组织制定的行业规范和市场竞争秩序共同构成了平台经济协同共治的规范体系。其中，政府的法律监管和规制发挥着元治理的作用，推动、约束并规范着其他主体的治理行为；政府培育与规范社会组织、购买社会组织服务、健全与维护市场竞争机制有助于推动社会机制、市场机制在平台经济治理中的功能发挥；政府间的协同与整体性治理、数字政府与智慧政府建设和政府的大数据治理，是平台经济协同治理的重要保障和推动力量。政府治理、市场治理、社会治理与平台方治理的有机结合，是发挥多元主体各自优势、参与平台经济治理的基本方式。

在平台经济协同共治的框架中，平台方的产权属性、生态系统领导地位、信息及技术优势共同决定了平台方主导的平台自

---

① 王俐，周向红. 平台型企业参与公共服务治理的有效机制研究[J]. 东北大学学报(社会科学版)，2018(6)：602-607.

治、用户间的生态系统治理、大数据治理，是常规性的，也是核心的治理机制。因此，政府与平台方建立“合作规制”关系十分必要[①]。政府、平台方、消费者、商品与服务的运营商之间的网状合作与互动评价构成了核心的协作机制。彼此间的监督评价是驱动平台经济治理的直接力量。图 2-1 用箭头显示了多元主体之间的复杂的网络交互机制。

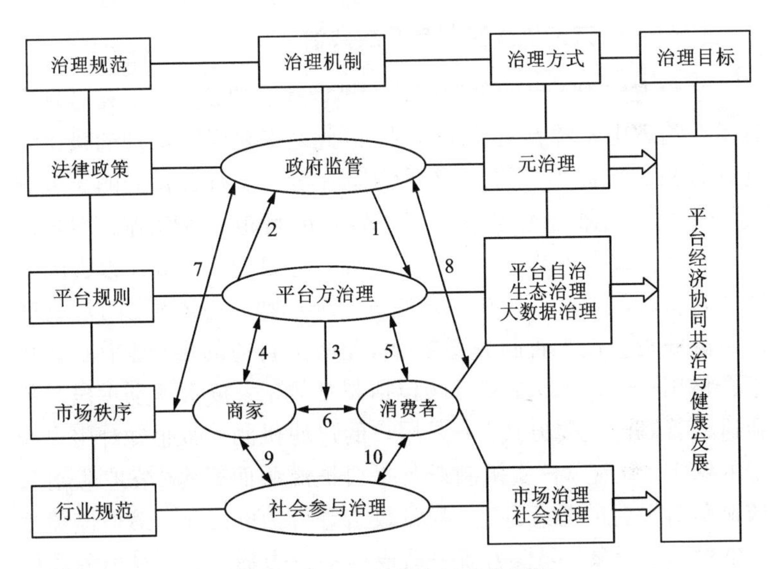

图 2-1　平台经济协同共治框架

箭头序号暨治理机制的注释：1. 平台规则审查与反垄断调查；2. 提供平台自治规则与治理数据；3. 对用户交互行为的动态监控与大数据治理；4. 平台方对商家的资格审查与信誉评价，商家对平台方的反馈与评价；5. 消费者的诚信积分、服务评价；6. 互动反馈、监督互评；7. 投诉举报、工商监督；8. 投诉维权、权益保障；9. 行业自律、第三方专业评价；10. 参与公开听证、媒体曝光

① 黄璜. 互联网+、国家治理与公共政策[J]. 电子政务，2015(7)：54-65.

四、平台经济协同共治的对策

根据国务院办公厅《关于促进平台经济规范健康发展的指导意见》(国办发〔2019〕38号)，参考阿里研究院与德勤咨询机构合作发布的《平台经济协同治理三大议题》，结合平台经济协同共治的思路与框架，从治理机制设计的视角探寻协同共治的主要对策。

(一)平台方的进入管制与开放共治

平台方作为平台治理规则的安排者和主要执行者，在平台生态系统治理中发挥着主导性作用，因此是平台经济治理的最主要推动者和参与者①。平台方主导的监管与自治符合自身的长远利益，因为忽视监管不仅会引发产品质量问题，继而造成用户流失，还会引致媒体的负面评价、政府的行政处罚，最终损害的只能是自身的利益。平台方必须通过治理规则和进入管制，履行守门员的职责。进入管制的直接目标是吸引合适的用户群体，防止不合格用户的进入，主要方法包括制度规定、技术甄别手段。平台进入管制的主要方式：一是用户的过滤机制，即通过对用户身份的鉴定、认证、核实机制避免平台被滥用而成为"公地悲剧"，或避免对平台的恶意寄生、病毒攻击等行为的发生，继而避免平台的声誉、形象、公权力流失造成的平台失灵；二是对内容和服务供给者的准入管制，例如注册资本的要求、资质认证、组织规模限定等；三是基于客观的统一标准，通过市场竞争机制选择参与者，如公开竞标。

由于平台自身无法有效应对所有的监管问题，平台主办方还必须具备开放共治的理性和致力于平台可持续发展的长远战略眼

① 刘家明. 国外平台领导研究：进展、评价与启示[J]. 当代经济管理，2020(5)：2-14.

光。一方面，为了减少被冲击实体经济的抵制和由此带来的政府监管压力，平台企业应主动接受社会监督与政府监管，理性地支持、配合外部监督，主动地公开相关数据，策略性地推动平台的开放共治，以改进互动质量，还要主动承担必要的社会责任。另一方面，平台方需要把与外部监管者的传统对立关系转变为合作关系，主动与外部监管者合作。合作的第一步是开放监管权力，让外部监管者参与进来，显示自己对监管的重视以及确保不被误解；第二步是为外部监管提供相关信息和各种便利。当应对不利监管时，应避免与监管者发生冲突，这时可以利用多边用户的支持力量，或者主动承担相应责任，满足监管者的要求①。

（二）平台方推动的用户互评与动态监控

平台经济模式的核心机理在于把多边用户连接起来进行互动。从这个意义上讲，平台经济治理的关键是要将平台互动的可重复性、效率与质量最优化，让用户在互动中相互满足、各施其能、各取所需。美国平台思维实验室的创始人指出，平台失败的大部分原因在于未能成功促进高质量的互动并减少失败的互动②。因此，平台价值的实现与合作治理都是在多边用户间的互动过程中实现。用户间的互评监督、交互反馈是平台生态系统治理的基础。用户间的互评监督机制可以使多边用户评价彼此表现出诚信，有助于净化平台生态圈的运行环境，并节约甄别成本。而且平台方主导和推动的多边用户参与的治理，发挥了核心利益相关者的参与积极性和治理优势，最符合激励相容原则，构成了主要的治理机制。

平台方对用户的监管职责是普遍的，也是必要的。平台方的

---

① ［美］安德烈·哈丘，西蒙·罗斯曼. 网络市场陷阱［J］. 哈佛商业评论，2016（4）：65-71.

② Sangeet Paul Choudary. Platform Scale：How an Emerging Business Model Helps Startups Build Large Empires with Minimum Investment［R］. Platform Thinking Labs，2015.

管制能力主要取决于平台所有者实施惩罚乃至排他的能力以及对用户互动的动态监控能力。对用户互动的动态监控目的是达到预期的互动质量，最小化负的外部性行为，驱动积极的网络效应，实现网络效应的潜在价值。动态监控涉及交易相关主体的交易记录与私人数据，要在保障信息安全的同时基于数据分析来对违规行为进行惩罚，主要用于治理用户的不良行为，基本策略是通过信息机制与规则设计来禁止不良行为和不良用户的进驻，管制的方式和工具包括价格策略、政策、合约、技术、信息提供、劝说、文化与伦理，具体如许可、资格认定、产权安排①。管制负外部性行为的规则涉及权力和价值在多边用户间的配置，平台必须平衡相互冲突的价值。

（三）政府对平台治理的审查与权益保障

政府在平台经济规范健康发展中担负着元治理、审查者、裁定者的责任，履行着反垄断、应对信息不对称、减少负外部性行为与保障合法权益的职责。政府的促进竞争法、电子商务法、消费者权益保障法等法律法规是平台治理规则的基本依据。政府对平台治理规则的审查，有助于维护公平的经济环境并推动平台的合法自治。政府参与并推动的负外部性治理与权益保障，有助于纠正平台生态系统的利益失衡问题，对于推动平台经济的健康可持续发展不可或缺。因此，除了对平台企业的进入规制和行政处罚等传统规制，政府促进平台经济规范发展的重点是治理规则的审查，以应对反垄断；信息披露政策，以应对信息不对称问题；推动负外部性治理，以解决合法权益保障问题。

首先，政府需要审查平台治理规则的公开性、合法性以及是

① Kevin J. Boudreau, Andrei Hagiu. Platform Rules: Multi-sided Platforms as Regulators [R]. Working Paper. Harvard University, 2008.

否能正常地运行、是否存在强制性的霸王条款侵吞用户权益，并核实其将促成垄断还是竞争。其次，政府监管者要求平台为其提供开放的数据，并要求平台定期披露访问权限、产品质量、平台绩效和核心交互等关键信息；要求平台赋予用户获取数据的权限，而且在不经平台许可的情况下就可以开展监督，将平台置于用户和公众的透明监督之下①。再次，当侵权行为发生后，政府需要对平台方的治理行为进行审查，审查其是否尽到监管的义务，判定其担责的性质与程度，以此改善平台治理，保障利益相关者的权益。最后，对于平台经济这种新型的经济业态，政府机构应该审慎监管，在推动平台经济规范健康发展的导向下，既要保障用户的合法权益，又不能阻碍平台企业的发展②。同时，政府还要营造相对宽松的平台经济营商环境，给予新兴的、有潜力的中小平台以有力扶持，推动平台经济的公平竞争和繁荣发展。

（四）社会组织推动的行业自律、专业监管与公开听证

在现实中，政府的监管总显得迟缓滞后，甚至遥不可及，或往往做出无期限下线整顿、关门停业的因噎废食般的僵化处罚。而平台方的自律、自治又总让政府和社会公众不那么放心，毕竟资本逐利的血腥教训难以释怀。因此，选择基于多边用户的生态治理和行业组织等社会主体的社会化监督的中间路线就成为不二选择。在平台经济监管尚不严格和不够全面的情况下，行业组织可提出规范治理的自律要求。行业组织推动的行业自律可以提前为政府的监管政策进行市场验证和压力测试，待验证有效后再通过政府来实施。而且，行业组织中不乏专业的监管人才、监管手

① ［美］杰奥夫雷 G. 帕克，马歇尔 W. 范 · 埃尔斯泰恩，桑基特 · 保罗 · 邱达利. 平台革命［M］. 志鹏，译. 北京：机械工业出版社，2017：252-254

② 曲创，刘重阳. 互联网平台经济的中国模式［J］. 财经问题研究，2018(9)：10-14.

段与监管技术。因此，充分调动行业组织自发的专业监管与自律行为是保障平台企业规范健康发展的有效途径。具体来说，行业组织可以根据行业发展情况及时发布自律条款，并组织平台企业的相互监督与约束，弥补政府监管的滞后。

平台的用户规模往往比较庞大，牵涉利益面比较广泛，非常适合包括行业组织、公众、媒体在内的多元利益相关者参与的公开听证与社会协商治理。行业组织、维权组织、政府部门、多边用户群体都可以是平台经济复杂事务公开听证治理的推动者。对于平台经济社会风险、负外部性等重要问题的公开听证与协商治理，有助于提高多元利益相关者的参与程度，表达各自的权益诉求和知情权、话语权，有助于增强平台经济治理的公开透明度和程序正义，有助于推动平台生态系统的利益均衡和利益相关者的权益保障，尤其是公开的、直接的协商交流与互动反馈往往能有效地推动利益相关者的合作共治。

（五）基于信息技术的工具创新与大数据治理

平台经济的复杂性与风险性需要多元主体的参与监督与协同治理，更需要基于信息技术的工具创新与大数据治理。互联网、大数据、人工智能等信息技术不仅有助于降低平台经济共治与监督的交易成本，而且有利于降低信息不对称与信息不完全的程度，为平台经济治理提供有效手段与丰富工具。建立平台经济风控体系的基础是大数据，借助用户的个人信息、行为信息、关系网络和历史记录等多维信息和丰富数据，平台能更好地进行数据挖掘并发现风险，有效地维护消费者和平台的权益[①]。对于平台经济，尤其是互联网平台经济的治理来说，技术手段不可或缺；

---

① 王勇，戎珂．平台治理：在线市场的设计、运营与监管［M］．北京：中信出版集团，2018：164-166.

通过大数据构建信用体系、代码规则，能让平台治理更加高效、准确[2]。国务院办公厅《关于促进平台经济规范健康发展的指导意见》也指出，要积极推进与依托国家“互联网+监管”等系统，加强平台交易各环节等的数据分析，开展信息监测、在线证据保全、在线识别、源头追溯，增强对平台经济风险和违法违规线索的发现甄别能力，“实现以网管网、线上线下一体化监管”。政府监管部门也需要建设具有统一性、共享性、无缝性的信息平台，促进大数据治理与协同治理的融合，推动整体性数字政府、协同性智慧政府建设，这是政府规范与发展平台经济应该做出的自身变革。

五、研究结论

正在崛起的平台经济新业态及其生态系统性、开放共享性等特征，必然呼唤创新的平台经济治理模式。平台经济的复杂性、失灵风险以及传统的分散治理困境，都充分表明政府、平台方、多边用户与社会主体的协同共治才是平台经济规范健康发展的出路。政府应该充分调动平台的自治积极性，强化对平台治理规则、负外部性行为的审查与权益保障职责，引导平台方理性、主动地配合、支持来自政府、社会与用户的监督。平台方应充分发挥自身的信息和能力优势，加强对用户的进入管制与动态监控，推动多边用户参与的生态系统治理，同时积极应用信息技术，推动治理工具创新与大数据治理，不断完善平台治理体系。社会及行业组织推动的专业监管、行业自律与公开听证也是平台经济治理体系的重要组成部分，与政府监管机制、平台自治机制、用户参与的生态治理机制一起发挥着重要的作用。

当然，推动平台经济的规范健康发展不仅仅要防范风险、矫正失灵和监督管制，更重要的是支持其可持续发展、促进公平竞争、鼓励服务创新和技术创新。尤其是对处于初级发展阶段的平台经济，更应将扶持发展和鼓励创新作为政府治理的首要目标。相应的，政府的监管就应体现出一定的包容性和审慎性，注重在高质量发展战略、放管服改革和法治等层面保护平台经济体的创新能力，引领平台经济的规范、健康、长期繁荣发展。

第二节　国外平台领导：研究进展与实践启示

平台产业经济的兴盛和平台领导战略的崛起推动着平台时代的到来。平台时代很快成为平台战略、平台经济和平台领导研究的时代背景。全球著名的平台领导研究专家 Gawer(2010)通过解析平台的优良属性，深入探讨了平台在商业、社会生活中的作用，发现了平台领导对于推动 21 世纪创新的重要意义①。正是因为她对平台领导重要性具有深刻认识，她与迈克尔·库苏麦诺等学者对平台领导进行了最系统、最深入的研究，研究时间持续近 20 年。麻省理工学院斯隆管理学院、哈佛大学商学院的学者也纷纷跟进，进行研究。国外平台领导研究已经取得了一些重要成果，而且还在不断深化、拓展，并引起了国内外学者的研究兴趣和积极反响。为此，有必要开展研究进展报告与评价，以便推动平台领导研究的进一步开展和平台领导实践的更好发展。

一、何为平台领导

许多学者对平台领导的理解不尽相同，甚至在文献中没有直接界定，而且随着时间的推移和平台领导实践的发展，其认识也在发生变化。为此，只能从文献作者的学术思想中进行概括和提炼。对平台领导的界定，主要取决于对“平台”和“领导”的理解，

---

① Annabelle Gawer. Platforms, Markets and Innovation[M]. Northampton: Edward Elgar Pub, 2010.

其中的关键是对“平台”的界定。

Gawer 和 Cusumano(2002)认为，平台是一个由许多独立的模块组成的“系统”，每个模块都可以单独创新。这是早期对平台共性尤其是是对技术平台的理解①。随着以双边(多边)平台为对象的平台经济学和战略学的兴起，后期研究中的“平台领导”一般指以双边(多边)平台为对象的产业平台领导。但不同学者对“平台”的理解仍然不尽一致。随着平台领导实践的发展，Gawer(2010)后来认为，产业平台是由一家或多家企业建设的，能够被外部其他主体用来开发互补产品、服务或技术的基础性产品、服务或技术②。与此基本一致的是，Thomas 等人(2006)也认为，平台是在双边市场中把不同类型的用户连接起来的产品或服务，以此促进不同用户之间的互动③。但 Hagiu 和 Wright(2015)将双边(多边)平台定义为“能够使两类(多类)归属于其中的不同用户通过直接互动创造价值的组织”④。随着平台经营控制权的开放，生产平台和技术平台演变为双边多边平台。因而，不同类型的“平台”概念逐渐模糊，继而没有针对不同类型平台的平台领导进行分别研究。随着多边平台经济学的发展，目前学者们一般将“平台”理解为多边平台，而多边平台的关键识别标准是合约控制权的开放及在其基础上的多类用户之间的直接交互。

“平台领导”中的另一个关键词是“领导”。其第一层意义是处于领导地位的主体，如人或公司，第二层意思是支配性影响

---

① Michael A. Cusumano, A. Gawer. The Elements of Platform Leadership[J]. MIT Sloan management review, 2002, 43(3): 51-58.

② Annabelle Gawer. Platforms, Markets and Innovation[M]. Northampton: Edward Elgar Pub, 2010.

③ Thomas Eisenmann, Parker G, Van Alstyne M. Strategies for two-sided markets[J]. Harvard Business Review, 2006(11): 1-10.

④ Andrei Hagiu, Julian Wright, Multi-sided Platforms [J]. International Journal of Industrial Organization, 2015(43): 162-174.

力，后者更能反映其实质。在平台经济学和平台战略学中，平台领导(leader)指驱动整个产业创新的企业，它可以实现分散技术的系统演化；相应的，平台领导(leadership)指在产业范围内围绕着某平台技术来驱动产业创新的主导性和影响力(Cusumano & Gawer, 2002)。Gawer 和 Cusumano 认识到平台领导的核心是这种主导性和影响力，因而他们在《平台领导》一书中指出，平台领导能够对它们所处行业的创新方向产生极大的影响，同时对制造和使用补足品的各个公司和消费者构成的“生态圈”也能够产生很大的影响[①]。由此可以认为，平台领导实际上是促进“平台生态圈”创新的主导者。平台生态圈成员一般包括平台领导、消费者、广告商、内容开发商、服务提供商和渠道合作商等。

显然，平台领导是相对于生态圈成员的“领导”，领导对成员具有号召力、影响力，并处于主导性地位。Michael Cusumano (2011)后来更加强调平台的开放性，认为平台领导是这样的一类企业——它们不仅仅销售独立的产品，而且自己有基础的并且充分开放的技术，以使外面的公司能够提供补充产品或者服务[②]。其他学者，如 Parker 和 Alstyne(2012)，把平台领导理解为平台的提供者，认为是平台领导是平台网络体系的核心[③]。与此类似，Parker 等(2017)认为平台领导是平台的发起者，平台领导者需要优化生态系统，从而创造出更多价值[④]。综上所述，学者们对平台领导的理解很多都停留在感性认识和特征描述的层面。描述性

---

① Gawer, Michael A. Cusumano. Platform Leadership: How Intel, Microsoft and Cisco Drive Industry Innovation[M]. Boston: Harvard Business School Press, 2002.

② Michael A. Cusumano. The platform Leader's Dilemma[J]. Communication of the ACM, 2011, 54(10): 21-24.

③ Parker G., Van Alstyne M. A. Digital Postal Platform: Definitions and Roadmap[R]. America: The MIT Center of Digital Business, 2012.

④ Parker G, Van Alstyne M, Jiang X. Platform Ecosystems: How Developers Invert the Firm[J]. Management information systems quarterly, 2017, 41(1): 255-266.

的平台领导概念界定可能忽视了平台的治权关系和平台领导的实质——对权力和利益的支配性影响力。

二、如何成为平台领导

一家企业要成为平台领导，首先要成为平台企业，即能够推动产品或业务的平台化转型，当然这需要其产品或业务具备一定的条件。然后是它可以成长为行业或更大生态系统中的领导者，这需要具备较强的能力及其对生态系统中其他成员的影响力。平台领导的领导力主要体现在其在生态系统中的权力和影响力，必然要在平台生态系统中扮演引领行业发展的角色，承担掌舵技术的协作创新、制订行业游戏规则的职责。

（一）成为平台领导的前提与资质

平台领导只在一定条件下、一定范围内才有可能诞生，并非所有的产品都适合转化为平台，自然也非所有的企业都可以成为平台企业或平台领导。因此，要成为平台领导，首先其提供的产品要适合转化为平台，从而让自己成为平台企业，然后具备一定的资质和能力。产品转化为平台必须满足两个条件：条件一，产品必须具备作为"应用系统"的基本性功能，或能解决产业内重大的技术难题；条件二，易于连接或可以作为扩展应用系统的基础，并允许新的意想不到的终端应用[①]。检验条件一，关键是看如果没有该产品或技术，整个系统能否运转。检验条件二，关键是看外部公司能否在该产品的基础上成功地开发出互补品或互操作产品，或至少已开始这样做。只有同时具备这两个条件，平台战略才能够开始。也就是说，一家平台企业要成为平台领导的最

① Gawer Annabelle, M. Cusumano. How Companies Become Platform Leaders[J]. MIT Sloan Management Review, 2008, 49(2): 27-35.

基本前提是，它的产品在单独使用时价值非常有限，但当它与补足品一起发挥功能时，就可以创造出更高的系统价值。因此，把产品转化为平台，继而成长为平台领导需要从技术和商业这两个方面努力：在技术方面，需要设计合适的技术架构、界面或连接点；在商业方面，要激励第三方的互补品创新，提供市场动力。

Gawer 和 Cusumano(2002)认为，平台领导应具备推动系统体系结构创新、激励补足品创新和组织协调等能力，平台领导需要权衡多个职责、多元利益并处理内部冲突，需要维持平台的发展，尤其是要懂得鼓励外部创新①。6 年之后，Gawer 和 Cusumano(2008)补充提出，要成为平台领导，平台企业要具备如下能力：能够管理平台的技术演化，产品和系统的设计以及与生态系统成员的关系；开放自己的产品并激励第三方的互补品供给②。相比之下，他们后来更加强调平台领导为适应环境变化而应具备的平台演化能力与开放的能力。

与此类似，韩国前总统顾问委员会的赵镛浩(2012)认为，平台领导必须具备三项资质或能力：第一为基本能力，新建构的平台具备支持第三方生产新产品、提供新服务的能力，即必须构筑和维系以平台为中心的生态系统，在生态系统中发挥中流砥柱的作用；第二是要引领时代潮流，在经营领域中成为拥有巨大传播效应的创新成果的发源地，即必须在自我创新基础上发挥领导未来的掌舵作用；第三是能够运用自身的智慧与力量，生产并对外提供优秀的工具，为第三方提供工具，并在提供支持的过程中不

---

① Michael A. Gawer, Michael A. Cusumano. Platform Leadership: How Intel, Microsoft and Cisco Drive industry innovation[M]. Boston: Harvard Business School Press, 2002.

② Gawer Annabelle, M. Cusumano. How Companies Become Platform Leaders[J]. MIT Sloan Management Review, 2008, 49(2): 27-35.

断强化[①]。C. E. Helfat 和 R. S. Raubitschek(2018)认为，平台领导者所需的能力均为动态的能力，即设计、引入和重新设计产品和生态系统的能力，其中至少有三种基本的动态能力对平台领导者至关重要：创新能力、环境扫描和感知的能力及协调生态系统的综合能力[②]。

(二)平台领导的“要素”

Cusumano 和 Gawer(2002)在《平台领导的要素》一文中指出，平台领导要考虑四个层面的“要素”：一是产品或业务范围，要考虑其在组织内部创新与外部创新的范围，必须权衡是通过延伸内部能力还是通过市场来生产互补品；二是生产产品的技术，需要考虑产品和平台的架构，包括平台的模块、界面的开放程度，平台和界面向互补品开发者和他伙伴开放的程度；三是平台与外部互补品开发者的关系，包括竞争还是合作的关系，还要协调彼此之间的利益冲突；四是平台内部的组织工作，建立能够减少目标冲突、促进变革的组织结构和组织文化，加强内部的沟通与协调[③]。

准确地说，这四个“要素”是平台领导及其运作战略要考虑的基本维度。因此，后来很多学者，包括《平台领导》一书的译者都将这些“要素”理解为平台战略的准则或平台领导的基本原理。

---

① [韩]赵镛浩. 平台战争[M]. 吴苏梦，译. 北京：北京大学出版社，2012：69.

② C. E. Helfat, R. S. Raubitschek. Dynamic and Integrative Capabilities for Profiting From Innovation in Digital Platform-based Eco-systems[J]. Research policy, 2018, 47(8): 1391-1399.

③ Michael A. Cusumano, A. Gawer. The Elements of Platform Leadership[J]. MIT Sloan Management Review, 2002, 43(3): 51-58.

（三）平台领导的权力

平台领导的实质在于其对生态系统的影响力，这种影响力来源于正式的权力（如排他权、技术标准及治理规则的制订、惩处和利益分配的权力）以及非正式的权力（如潜在合作的机会、品牌及声誉的影响）。在平台生态系统中，独特的支配性、主导性权力使平台主办者（sponsor）或平台提供者（provider）成为平台领导。平台主办者对平台生态系统及平台规则的设计和平台的演化发展负责，平台提供者直接与双边或多边用户互动，二者可能是同一的（Parker & Van Alstyne，2009）[①]。平台领导的权力包括平台所有权及其衍生出来的排他权、管制权、收益权，还包括平台规则制订与执行的权力，以及涉及平台利益的分配权力（如定价权与“征税”或补贴的权力）。平台领导的权力地位表现在以下方面：凭借基础性平台产品，在平台生态圈中处于核心地位，在平台价值网络中与其他伙伴呈现出一对多的非对称性；平台领导负责维护整个生态系统的长期繁荣和发展（Kevin Boudreau & Andrei Hagiu，2008）[②]。由此可见，平台领导拥有的权力很大，其权力来源及表现形态很多。但权力的另一面是责任，权力与责任相伴而生。

（四）平台领导的角色与职能

Evans 和 Schmalensee（2007）将平台分为三种：旨在促进交易的做媒者；旨在汇聚眼球的受众召集者；旨在提高效率的成本最

---

① Parker G.，Van Alstyne M. Six Challenges in Platform Licensing and Open Innovation [J]. Communication & Strategies，2009，74（2）：17-35.

② Kevin J. Boudreau，Andrei Hagiu. Platform Rules：Multi-sided Platforms as Regulators [R]. Working Paper. Harvard University，2008.

小化者①。据此，可以认为平台领导的主要职能分为这几个方面：连接用户、促进交互、降低交易成本。Kevin Boudreau 和 Andrei Hagiu（2008）认为，平台领导（所有者）的职能是确保平台生态系统中连贯一致的技术开发和合作；设计能够促进互动的开放性技术结构；鼓励互补者的持续性投资；管理和维持生态系统的繁荣及健康；处理好与多边用户之间的合作关系及利益分配关系，通过引导他们的互动而创造价值；进行平台管制以防范平台风险及失灵[2]。平台领导在平台运作过程中需要履行多种职能并扮演多重角色。平台领导的角色与职能起源于平台自身的定位与功能。Hagiu（2009）认为，多边平台的核心功能是促进多边用户群体之间的互动，这可以通过开放合约控制权和平台资源以降低共享成本来实现；还可以通过资质审查、质量认证、减少信息不对称等手段降低搜寻成本和供需匹配成本②。Erol Kazan 等（2018）认为，可以利用数字平台化的方式改变价值创造和创新体系的结构，以新的价值传递架构取代现有的价值传递架构，从而获取更大的竞争优势，降低交易成本③。由此可见，促进并确保高质量的交互才是平台领导的最终使命。为此，平台领导必须采取一系列的行动策略。

三、平台领导的行为策略研究

平台领导的行为主要涉及平台建设与管理、平台竞争与合作

---

① David S. Evans, Richard Schmalensee. Catalyst Code: The Secret behind the World's Most Dynamic Companies[M]. Boston: Harvard Business School Press, 2007: 10.

② Hagiu, A. Multi-sided Platforms, From Microfoundations to Design and Expansion Strategies[R]. Working Paper, Harvard Business School, 2009.

③ Erol Kazan, Chee-Wee Tan, Eric T. K. Lim, etal. Disentangling digital platform competition: the case of UK mobile payment platforms[J]. Journal of management information systems, 2018, 35(1): 180-219.

等方面。Evans 和 Schmalensee(2007)指出，平台领导有三项基本活动：创建价值主张，连接价值网络，形成并壮大平台生态圈；提供信息并降低用户的交易成本，帮助有相互需要的用户找到彼此并满足彼此的需求；建立平台规则和技术标准，防止某些用户的机会主义行为，尤其是负外部性行为[①]。这些活动基本上概括了平台领导的行为策略范畴。美国平台思维实验室的研究人员 Sangeet Paul Choudary 等人(2016)认为，平台领导的平台建设与管理行为主要围绕着促进互动和激发网络效应而展开，但在平台生命周期的不同阶段，其侧重点是不同的：在初创期，平台领导的策略重点是提高用户信任度、强化用户匹配和互动；在成长期，策略重点是不断提高用户基础，并推动平台的快速扩张与价值创造；在成熟期，策略重点是通过驱动创新为用户创造新的功能价值，以及防范来自竞争对手的威胁[②]。因此，平台领导的策略是不断演化发展的，需要根据平台的生命周期和生态环境的变化而适时地做出调整。此外，围绕平台领导的这些基本活动，学者们深入探讨了平台领导的基本策略、平台领导的管制行为以及平台的扩展策略。

(一)平台领导的基本策略

Evans 和 Schmalensee(2007)通过研究世界上最具活力的公司的成功秘诀，认为平台是成功的催化剂(“触媒”)，由此提出了平台领导的战略实施框架：识别平台共同体，弄清谁需要谁、有什么需求和为什么需要；确立价格结构，激发用户进驻平台，并实现利润最大化；设计成功的平台组织，吸引用户并促进互动；聚

---

① David S. Evans, Richard Schmalensee. Catalyst Code: The Secret behind the World's Most Dynamic Companies[M]. Boston: Harvard Business School Press, 2007: 22-25.

② Sangeet Paul Choudary, Marshall W. Van Alstyne, Geoffrey G. Parker, Platform Revolution[M]. New York: W. W. Norton & Company, 2016: 203.

焦于获利能力，打通获取长期利润的多种渠道；策略性地与其他平台组织开展竞争，并对新平台面对的威胁做出反应；实验和演进，不断推动平台的演化与成长①。该框架从平台自身的战略地位出发，以获利能力为核心，从动态的战略视角，为平台领导的行为策略提供了操作指南。

Gawer 和 Cusumano(2008)认为平台领导的基本策略分为两种：一是创建新的平台，二是激发市场动力并赢下平台战争②。他们从技术和商业两个层面分别分析了这两种策略的实施方法，认为平台领导必须激发生态系统中的成员的经济动机，以此进行互补品创新，并持续下去。此外，平台领导有必要保护成员从创新中获利。作为平台领导，要能够为了整个产业或生态系统的共同利益而牺牲短期的一己私利。平台领导的技术策略与商业策略缺一不可，技术策略主要确保平台领导的技术领先地位和生态系统成员对核心技术的依赖与补充性创新；而商业策略围绕着生态系统成员之间的关系展开，目的是维持利益均衡，确保平台的持续繁荣及稳定。

(二)平台领导的管制行为

Boudreau 和 Hagiu(2008)探讨了平台领导的管制者角色、行为及效果③。为了解决平台上的外部性行为和合作问题，平台领导有必要对多边用户群体进行管制。平台领导不仅有着充分的管制动机，而且具有丰富的资源和多种工具实施管制。平台管制分

---

① David S. Evans, Richard Schmalensee. Catalyst Code: The Secret behind the World's Most Dynamic Companies[M]. Boston: Harvard Business School Press, 2007: 33-40.

② Gawer Annabelle, M. Cusumano. How Companies become Platform Leaders[J]. MIT Sloan Management Review, 2008, 49(2): 27-35.

③ Kevin J. Boudreau, Andrei Hagiu. Platform Rules: Multi-sided Platforms as Regulators[R]. Working Paper, Harvard University, 2008.

为进入管制和互动过程管制，而管制工具既包括价格工具，也包括非价格的监督管理手段。

Evans(2012)同样认为，平台领导必须治理平台上的负外部性行为，它们往往依靠平台所有权来设计和执行治理不良行为的规则，约束甚至阻止某些用户进驻平台。相对于政府主管部门的统一管制，平台领导的自主监管有很多优势，但平台领导进行管制的出发点是获得一己私利或平台共同体的局部利益，这样有可能牺牲消费者或整个社会的利益，而且还可能妨碍行业竞争。同时，Evans 还建议多边用户群体参与平台的监管①。其实，平台就是一种利益共同体，生态系统中的成员都有参与治理与监督的权利和义务。平台领导更应该使平台治理有法可依、执法必严，否则损失的不仅是用户的权益，而且最终必然损害平台领导的利益。由于平台领导存在潜在的短视或狭隘观念，其短期的圈钱、套现行为可能造成用户的损失，政府必须履行平台外部监督的重要职责。政府与平台领导在履行管制职能时各有所长，平台领导的策略应该是主动配合、支持政府的外部监管，这样不仅可以避免潜在的政府规制风险，还可以健全内外兼修的治理体系以赢得良好的社会口碑。

（三）平台的扩张策略

平台规模的大小不仅意味着平台“利润池”的大小，而且象征着平台领导权力的高低。平台领导的趋利动机，尤其是对平台权力的角逐使得平台领导走上不断扩张的道路。网络效应与平台用户规模往往相得益彰、互相促进，推动平台像滚雪球那样越滚越大。因此，Gezinus Hidding、Jeff Williams 和 John Sviokla(2011)认

---

① David S. Evans. Governing Bad Behavior by Users of Multi-sided Platforms [J]. Berkeley Technology Law Journal, 2012(27): 1201-1250.

为，平台领导成功扩张的基本路径是平台覆盖，即通过平台结构的扩张与兼容来覆盖竞争对手和上下游互补品提供者的产品或业务[①]。平台覆盖者往往是后起的追随者，而非行业的率先进入者。为获得持续竞争优势，平台覆盖者通过平台结构扩张与兼容的楼梯策略实施平台覆盖行为。楼梯策略的具体实施路径包括跨平台连接、后向兼容以及渐进、稳定的升级更新，从而不断扩大产品的功能、业务的范围和客户的广度。显然，楼梯战略需要远见和长期的坚持。

Hagiu(2009)提出了平台扩张的实施指南，认为平台扩展包括横向扩展和纵向扩展，即分别从平台业务的广度和深度方面进行扩张，但二者可能此消彼长，因此需要对平台业务的广度和深度的扩张进行权衡。平台的横向扩展意味着提高平台覆盖面，不断增加产品及业务的广度，以提高用户的广泛性为目标；而深度扩展与此不同，是要增强业务的深度和精度，划分更专业更细分的服务模块，为客户提供更专业、更有针对性的服务，以提高用户的满意度为目标[②]。由于资源有限，平台业务的横向扩展和纵向扩展可以有先有后依次进行，但扩张的终极目的仍然是扩大用户规模，以输出更多的价值。由于二者相互影响，在策略选择时需要考虑用户的初始规模及质量要求，在用户覆盖面和用户黏性之间做出取舍。在时机成熟时，二者是可以兼顾的。

平台扩展也不用靠平台领导的自有资源与一己之力，还可以通过开放来引入或借用外部的资源与能力，这是平台扩展和平台经营的战略方向。Parker 和 Van Alstyne(2014)认为，增强平台的开放性是平台扩展和平台创新的基本途径，提高平台的开放性不

---

① Gezinus J. Hidding. Jeff Williams, John J. Sviokla. How platform leaders win[J]. Journal of Business Strategy, 2011, 32(2): 29-37.

② Hagiu, A. Multi-sided Platforms, From Microfoundations to Design and Expansion Strategies[R]. Working Paper, Harvard Business School, 2009.

仅能增强互补品开发者的能力，还能提高他们对平台的忠诚度[①]。另外，构建开放式的平台生态系统也是平台领导创新的一种方式[②]。因此，通过开放平台的结构和规则，构建开放的生态系统，让互补品开发者为平台业务及其扩张添砖加瓦，也是平台领导进行扩张的重要策略选择。当然，这需要平台领导的放权让利和赋权授能才能做到。

（四）平台领导的演化行为

平台领导是平台生态系统中最重要的角色，推动平台演化是其基本职责之一[③]。平台领导构建的生态系统是一种开放的分布式的创新系统[④]，是由众多创新主体共同构建的创新共同体[⑤]。平台生态系统基于创新平台，可以实现创新资源的配置、聚集与整合[⑥][⑦]。平台创新生态系统及其共同体是施展平台领导力并创造价值的场域，因此平台领导自身可以在其构建的生态系统中演

---

① Parker G., Van Alstyne M. W. Innovation, Openness and Platform Control[R]. Mimeo Tulane University and MIT, 2014.

② Su Y, Zheng Z, Chen J. A Multi-platform Collaboration Innovation Ecosystem: The Case of China[J]. Management decision, 2018, 56(1): 125-142.

③ David S. Evans, Richard Schmalensee. Catalyst Code: The Secret behind the World's Most Dynamic Companies[M]. Boston: Harvard Business School Press, 2007: 33-40.

④ DAVIS J P. The Group Dynamics of Interorganizational Relationships: Collaborating with Multiple Partners in Innovation Ecosystems[J]. Administrative science quarterly, 2016, 61(4): 621-661.

⑤ WEST J, BOGERS M. Open Innovation: Current Status and Research Opportunities[J]. Innovation, 2017, 19(1): 43-50.

⑥ MEDEIROS G, BINOTTO E, CALEMAN S, etal. Open Innovation in Agrifood Chain: A Systematic Review[J]. Journal of Technology Management & Innovation, 2016, 11(3): 108-116.

⑦ SU Y, ZHENG Z, CHEN J. A Multi-platform Collaboration Innovation Ecosystem: the Case of China[J]. Management Decision, 2018, 56(1): 125-142.

化成长，并推动平台生态系统的整体演化。根据市场需求和竞争环境的变化，平台领导在平台架构的基础上组建模块并适时地推动平台规模的扩大，并通过商业模式和技术框架的变革，维系平台的可持续发展和自己的平台领导地位①。

阿姆瑞特·蒂瓦纳(2018)认为，平台演化不仅仅是构架的演化，也是治理机制面对的挑战，其实质是构架与治理相互调试的协同进化过程。架构与治理是平台生态系统演化的两个齿轮，必须耦合着同步前进，才能推动平台生态系统的发展。平台治理是演化的催化剂，有效的治理才能推动平台的演化。为此，他从平台架构和平台治理两个维度以及长期、中期、短期的时间维度，构建了平台演化的九个维度驱动力模型和策划设计演化的模型。为引导演化、辨识演化信号，他还开发了平台演化的测度指标体系：短期指标包括弹性、可扩展性和可组合性；中期指标包括用户黏性、平台协同作用、平台可塑性(即对环境的适应能力)；长期指标包括包络覆盖性、持久性和突变②。

四、平台领导的经验与困境

国外许多学者通过案例研究概括总结了平台领导成败的经验、教训或困境、挑战，有些总结得很具体细致，有些总结则很抽象、笼统。研究得最多的学者仍然是麻省理工学院的 Cusumano 和 Gawer。

---

① BOSCH-SIJTSEMA P M, BOSCH J. Plays Nice with Others? Multiple Ecosystems, Various Roles and Divergent Engagement Models[J]. Technology analysis & strategic management, 2015, 27(8): 960-974.

② [美]阿姆瑞特·蒂瓦纳. 平台生态系统：架构策划、治理与策略[M]. 候赟慧，赵驰，译. 北京：北京大学出版社，2018：214-280.

（一）平台领导的成功经验

首先，平台领导的成功是平台战略模式的成功，是平台思维运作的结果。平台思维是一种水平的开放合作思想，通过鼓励利用其他组织的能力和资源来产生补充者创新的范围经济，目的是利用网络外部性和广泛的生态系统创新将供应商甚至竞争对手变成补充者或者合作伙伴（Cusumano，2010）[①]。其实，平台领导战略的提出及其成功，归根结底是平台思维的成功，平台思维决定着平台领导的眼界、胸怀和抱负。

其次，平台领导的成功源自为适应外部环境变化而不断进行的演化与创新。Gawer 和 Cusumano（2014）通过 Intel 等案例阐述了平台领导因市场和技术的变化而面临的技术、战略和商业等方面的挑战与得到的经验，并总结了成功的平台领导在应对平台竞争和创新方面的实践经验。这些经验包括生态系统的整体创新、平台适时的演进与升级、对生态系统成员的激励、平台开放共享与兼容等诸多方面[②]。平台领导没有一成不变的策略和法则，因为“平台帝国”之间的竞争更加残酷，甚至是吞并被吞并、覆盖与被覆盖的你死我活的关系。唯有推动整个生态系统整体上的演化与创新，平台才能持续扩张并保持领导地位。

再次，平台领导的成功要遵循一些基本原则。John Rossman（2014）以亚马逊为例，总结了平台领导成功的 14 条原则，其中包括关注客户、掌握主动权、发明和简化、坚持最高标准、节俭、

---

① Michael A. Cusumano. Staying powder：Six Enduring Principles for Managing Strategy and Innovation in an Uncertain World[M]. London：Oxford University Press，2010：228.

② A Gawer，MA Cusumano. Industry Platforms and Ecosystem Innovation[J]. Journal of Product Innovation Management，2014，31(3)：417-433.

赢得别人的信任、自我批评、业务上的深耕细作①。亚马逊自从由单边经销商转型为以多边平台为主的混合平台以来，业绩快速增长，以至于几年之内就跻身于全球市值最高企业的五强之列。因此，亚马逊的平台领导经验值得其他平台企业参考借鉴。

最后，领导是一门艺术，平台领导亦不例外。平台领导的艺术性体现在既要权衡信任与权力②，又要权衡开放与封闭③，还要权衡业务广度和深度④，尤其是要考虑平台生态圈的利益均衡⑤。权衡确实是一门领导艺术，尤其是对于把多元利益相关者连接在一起的平台共同体领导来说更需如此。无法实现权益均衡，平台就不能成为利益共同体，成员就会退出，平台自然就要土崩瓦解。

(二) 平台领导的教训与困境

Michael Cusumano(2011)通过对大量平台案例的持续跟踪研究，反思了这些平台领导面临的挑战与困境，并总结了他们得到的教训⑥。其中，IBM 的教训告诉我们，平台的演化不可避免，但要保持满足顾客不同需求的能力。JVC 与 Sony 告诫我们，即便平

---

① John Rossman. The Amazon Way：14 Leadership Principles Behind the World's Most Disruptive Company [M]. Publisher：CreateSpace Independent Publishing Platform, 2014.

② Perrons, R. The open Kimono：How Intel balances trust and power to maintain platform leadership[J]. Res. Policy, 2009, 38(8)：1300-1312.

③ David S. Evans. Governing Bad Behavior by Users of Multi-sided Platforms [J]. Berkeley Technology Law Journal, 2012(27)：1201-1250.

④ Hagiu, A. Multi-sided Platforms, From Microfoundations to Design and Expansion Strategies[R]. Working Paper, Harvard Business School, 2009.

⑤ E. Glen Weyl. A Price Theory of Multi-sided Platforms [J]. American Economic Review, 2010, 100(4)：1642-1672.

⑥ Michael A. Cusumano. The platform Leader's Dilemma [J]. Communication of the ACM, 2011, 54(10)：21-24

台领导现在很成功，也必须考虑未来，建立一个柔性的、富有创新性的组织，以适应未来的变化。Google 告诫我们，平台领导在提高技术水平和市场能力的同时，还必须更广泛地思考平台业务及其商业模式。诺基亚的教训告诉我们平台领导要做好演化转型的准备，甚至必要时要放弃自己的技术和商业模式。Microsoft 和 Apple 等平台领导喜忧参半，他们拥有超强的技术能力，却往往不懂得把自己的产品或技术开发为产业平台。盖茨在 20 世纪 90 年代最大的错误是把微软定位于操作系统公司，而非平台企业。同样，苹果的开放有些保守。

当然，也不乏一些平台失败的案例。Sangeet Paul Choudary（2015）认为，平台失败的大部分原因在于，未能很好地理解平台建设过程中的商业模式设计和成长战略。为此，他提出了成功设计平台战略模式的六大核心准则：一是从促进互动能力的视角设计平台经营模式；二是把促进互动放在第一位，平台经营模式应包括互动机制和开放的基础设施，核心是把多边用户连接起来，使其互动合作；三是通过最大化用户互动的可重复性和效率，创建用户的累积性价值；四是通过激励机制设计解决“鸡”和“蛋”的难题；五是开发人际互动传播的动力和方式；六是对负外部性负责①。他反复强调，要围绕着“互动”来设计平台模式，其实并不为过。因为平台的本质就是互动的结构，平台的核心功能就是促进交互，平台治理的目标就是提高互动频率、提升交互质量。

（三）平台领导面临的威胁与挑战

平台领导面临的竞争威胁可能来自生态系统内部的竞争力，

---

① Sangeet Paul Choudary. Platform Scale: How an Emerging Business Model Helps Startups Build Large Empires with Minimum Investment[M]. Platform Thinking Labs, 2015.

如合作伙伴与平台用户的自创平台行为或叛离至其他平台；也可能来源于网络效应及知名度更高的平台，或是具有与自己客户群重合的竞争者①。《规避网络市场陷阱》一文指出，平台领导面临着规避市场陷阱的诸多挑战：如何确保增长、如何建立信任与安全机制、如何减少用户的去平台化行为、如何建立监督机制等问题②。

总的来说，平台领导往往面临来自技术和商业两方面的挑战，这些挑战甚至能使得很多公司无法将他们的产品转化为产业平台。技术挑战包括设计合适的技术架构、界面或连接点，选择性地分享知识产权，以促进第三方的互补品的供给；商业挑战包括激励第三方的互补品创新，提供市场动力，击败竞争性平台。平台领导面临的挑战不仅只有这些，其最大的挑战在于如何取得平衡：保护自己的利润源，使互补者有足够的利润，并保护他们的知识产权③。利益分配是平台成员最关心、最敏感的问题，利益均衡是平台创建后平台领导面临的最大挑战，直接影响了生态系统成员参与平台的动机，最终关系到平台的可持续发展。

五、研究评价与启示

(一)研究评价

国外平台领导研究始于21世纪初，与平台经济学和平台战略学的研究同步，并且伴随着平台经济学和平台战略学研究的兴

---

① [美]马歇尔·范阿尔斯丁，杰弗里·帕克，桑杰特·保罗·乔达利. 平台时代战略新规则[J]. 哈佛商业评论(中文版)，2016(4)：56-63.

② [美]安德烈·哈丘，西蒙·罗斯曼. 规避网络市场陷阱[J]. 哈佛商业评论(中文版)，2016(4)：65-71.

③ Gawer Annabelle, M. Cusumano. How Companies become Platform Leaders[J]. MIT Sloan Management Review, 2008, 49(2): 27-35.

盛而掀起热潮。平台领导研究丰富了双边平台理论的成果，成为双边平台理论和平台战略学的重要组成部分。Gawer 与 Cusumano 不仅是平台领导研究的开拓者和先锋，而且进行了持续、系统的研究。此外，Evans 也是研究多边平台的开拓者之一，自 21 世纪初便开始持续进行平台领导与平台战略的多案例研究。研究者所在的机构也从早期的麻省理工学院向哈佛大学、波士顿大学扩散，甚至在美国还成立了平台思维实验室（Platform Thinking Labs）这样的研究与咨询机构。

国外平台领导研究的主要内容包括平台领导的资质与能力，如何成为平台领导，平台领导的各种行为以及这些行为的策略与准则，平台领导的经验及其面对困境与挑战。随着平台经济实践的发展，学者们对平台领导的认识更加深刻，研究也随之更加深入、系统。研究内容进一步拓展到平台领导的竞争策略、价格策略、创新及其协同策略、开放与管制行为、平台失灵及治理和平台治理的绩效等方面。

在研究对象方面，国外平台领导研究的一个趋势是从 Intel 等纯技术平台转向新兴的双边（多边）平台。后者强调基于合约控制权开放的合作与创新。另一个趋势是在研究内容方面，研究的侧重点从最初的如何成为平台领导、平台领导的要素、平台领导成功的法则等基础性研究转向平台领导的创新与开放策略，以及合作、竞争与扩张的策略研究。

平台领导研究普遍选择案例研究方法，案例选择从传统的 IT 巨头——Intel、IBM、Microsoft 等，到近些年快速崛起的 Apple、Facebook、Amazon 等新兴“平台帝国”；也包括平台运作失败的案例，如 Yahoo 和 Nokia。案例研究的范围逐渐扩大，越来越注重多案例研究。虽然国外平台领导研究普遍选择案例研究方法，且案例范围越来越广泛，但案例来源仍然局限于 IT 产业。其实双边（多边）平台与 IT 没有必然联系，其他产业，如制造业、零售业、房地产业等传统行业也可以有自己的产业平台。政府也能成为双边(多边)公共平台的领导，如地方政府对社区社工服务中心的平台式领导。因为，平台可被理解为一种能够促进参与者某种形式互动的抽象层次，甚至可以与信息技术没有任何关系①。

国外平台领导研究对中国平台领导研究产生了积极的影响。首先，Gawer 与 Cusumano 的《平台领导》一书在国内不仅脱销，多次印刷，而且被平台领导和平台战略研究的学者广泛引用。其次，Cusumano 是国内知名度很高的平台领导研究专家，多次接受过中文媒体的专访，并产生了积极的反响。最后，在国外平台领导研究的基础上，国内学者进行了总结或突破，如徐晋、陈威如、冀勇庆等人的专著都有涉及平台领导的内容，又如刘林青关于平台领导权获取、张利飞关于平台领导战略研究的学术论文等。

当前，国外学者对平台领导的描述性定义可能让平台领导与平台型企业之间、平台所有者与平台主办者之间的关系容易发生混淆，尤其是可能导致忽视平台的产权关系和平台领导的实质——对平台生态圈及其成员的影响和权力。在研究内容方面，如果过于注重对如何成为平台领导和平台领导成功法则等方面的研究，可能便忽略了平台领导与成员之间的互动网络关系以及平台领导权力施展的过程、方式及策略。

(二)实践启示

在平台经济时代，平台正在吞噬整个世界，平台垄断将成为主导 21 世纪经济的力量②。平台领导不仅能够连接广泛而又密织的价值网络，累计巨量而又相互依赖的用户规模，创建庞大而

---

① Russ Abbott. Multi-sided platforms[R]. Working paper, California State University, 2009.

② [美]亚历克斯·莫塞德，尼古拉斯 L. 约翰逊. 平台垄断：主导 21 世纪经济的力量[M]. 杨菲，译. 北京：机械工业出版社，2017.

又财源滚滚的利润池，拥有强大的竞争优势和垄断力，不断突破传统的组织和业务边界，缔造“通吃”的“平台帝国”[①]，而且能够施展广泛的公权力，引领技术创新，推动整个生态系统的繁荣，甚至能够提升一个地区、国家的综合实力。

平台领导是平台生态系统中的领军平台企业，是行业技术创新和治理规则的主导者。因为独特的支配性、主导性权力，平台主办者或平台提供者会成为平台领导，其实质是在生态系统中的权力和影响力。平台领导的权力来源于生态系统成员的认同和自愿追随，而认同和追随又根源于平台企业的自身实力与条件，但它不一定必须是行业先驱。因为平台领导是在行业演化发展中自发形成的，反映的是领导与追随的关系。平台领导只有履行一定的职责，让成员从生态系统整体发展中获益，才能让其他成员成为其追随者，并承认其领导地位。

平台领导在平台运作与治理过程中扮演了多重角色，平台领导往往是多边用户群体的召集者、平台建设与演化发展的规划者、平台策略的实施者、平台规则的制订者和平台管制的执行者。总之，平台领导必然要在生态系统中承担维护平台共同体的整体发展和持续繁荣、推动行业技术的协作创新、制订平台治理规则的职责。

多边平台的实质是互动的结构，核心功能就是化解阻力、降低交易成本以促进交互，因而平台治理的目标就是提高互动频率、提升交互质量。因此，平台领导的行为及策略应主要围绕着促进互动展开，包括互动主体的动机及其激励、互动的规模及流量、互动的精准匹配与高质量交互、互动的交易成本、互动产生的价值及其分配、互动技术框架与互动规则的设计、互动风险的

---

① ［加］尼克·斯尔尼塞克. 平台资本主义［M］. 程水英，译. 广州：广东人民出版社，2018.

防控与失灵治理。

平台领导的行为策略可以从技术和商业两个方面展开。在技术方面，平台领导不仅要确保自身的核心技术领先地位和生态系统成员对其核心技术的依赖，而且还要设计开放性的技术结构，为第三方的技术创新提供工具，引领并推动技术创新。在商业方面，平台领导要懂得放权让利和赋权授能，以维持生态系统的稳定和持续繁荣。平台领导要擅长设计激励相容的利益分配规则，使每个成员能从平台的成长中分享“一杯羹”，而平台领导可以从其他成员的成功中获益。平衡不仅是平台领导要掌握的策略和艺术，更是平台治理面临的重大挑战。利益分配是平台成员最关心、最敏感的问题，直接影响着生态系统成员参与平台的动机，最终关系到平台的可持续发展。平台领导不仅要权衡平台生态系统内部成员的贡献与对成员的激励，还要权衡平台与外部环境之间的输入输出关系，否则便无法把生态系统成员凝聚在一起，或者无法适应外部环境的变化而最终走向瓦解。

平台领导并不能随便成功，相反却面临着很多失败的风险，例如：不能有效解决鸡蛋相生难题、不能迅速及时地突破临界用户规模、无法激发网络效应、业务被其他平台包抄与覆盖、用户之间的匹配或交互质量不高、无法找到核心创造价值的关卡以实现持续营利、不能适时地推动平台演化发展以适应时代环境的变化、利益分配不均造成成员的退出、用户黏性不强或竞争激烈造成的用户去平台化、无法妥善处置平台的负外部性行为造成的用户流失、政府的严格规制甚至封杀。其中的任何一种风险都可能造成平台领导的重大失败，甚至平台的消失。因此，平台领导必须小心翼翼地防控，并妥善处置这些风险。

第三节　平台演化：维度、路径与启示

一、问题的提出

在20世纪末期，产品生产平台、技术平台、双边(多边)平台等平台形态或相互交织、混合发展，或此消彼长、相互转型，共同形成了复杂的平台经济景观。尤其是互联网平台与多边平台叠加融合所激发的平台革命席卷全球，对传统的行业与组织产生了颠覆性的冲击①，并很快印证了那些发展最迅猛的组织都是平台组织的事实。一时间，推动平台建设、平台转型与平台演化发展成为平台组织和非平台组织的共同呼声。

平台开放互动的特质决定了平台的动态演化属性②。平台演化是外部环境变化和利益相关者的诉求引致的平台自我发展、变化和演绎的过程③。因此，平台演化是适应经济社会与技术环境变革和用户需求变化的必然过程，也是平台成长发展的必经环节。成功的平台永远在不断地发展演化，包括业务规模和平台边界的变化④。而平台失败的大部分原因在于未能很好地理解平台建设过程中的商业模式和演化成长战略⑤。因此，推动平台演化

---

① Sangeet Paul Choudary, Marshall W. Van Alstyne, Geoffrey G. Parker. Platform Revolution[M]. New York: W. W. Norton & Company, 2016: 16.

② Carliss Y. Baldwin, C. Jason Woodard. The Architecture of Platform: A Unified View [R]. Working Paper, Harvard University, 2008.

③ 徐晋. 平台经济学[M]. 上海：上海交通大学出版社，2013：260-274.

④ Hagiu, A. Multi-sided Platforms, From Microfoundations to Design and Expansion Strategies[R]. Working Paper, Harvard Business School, 2009.

⑤ Sangeet Paul Choudary. Platform Scale: How an Emerging Business Model Helps Startups Build Large Empires with Minimum Investment[R]. Platform Thinking Labs, 2015.

发展是平台建设的重要步骤之一①。在平台成长发展的不同阶段，平台演化的机理和路径不同，但平台演化的顺利与否关系到平台建设的成败。

自 Evans 和诺奖得主 Tirole 等学者最早研究双边平台以来，平台研究迅速成为经济管理领域的国际前沿。其中，平台演化已成为平台经济学、平台战略学与平台领导学的一个重要主题。适时推动平台演化不仅是平台战略的一个重要方面，而且是平台领导的能力体现与责任所在②。传统的平台经济理论更多地强调平台演化是平台规模的扩张，尤其是借助网络效应的激发来实现用户规模最大化③，并认为这是“尽快长大”战略和“赢者通吃”目标的必然。当前，这种范式及其观点已遭到学界的质疑。平台领导力理论、商业生态系统理论、系统竞争理论认为平台演化的目标是用户价值的最大化，强调通过平台网络系统的协同，推动平台的演化④⑤。其中，Amrit 从平台生态系统持续发展的视角，主张通过平台结构、治理机制与平台战略的调整来推动平台演化，继而提出平台演化管理的三维模型⑥。中国有学者分析了上述两种范式各自的应用情景，并试图建立一个统一的理论解释框架，并

---

① David S. Evans, Richard Schmalensee. Catalyst Code: The Secret behind the World's Most Dynamic Companies[M]. Boston: Harvard Business School Press, 2007: 119.

② Gawer Annabelle, M. Cusumano. How Companies become Platform Leaders[J]. MIT Sloan Management Review, 2008, 49(2): 27-35.

③ Evans D S. How Catalysts Ignite: The Economics of Platform-based Start-ups[A]. Gawer A. Platforms, Markets and Innovation[C]. Northampton: Edward Elgar, 2009: 2-9.

④ Rong K, Lin Y, Shi Y J, etal. Linking Business Ecosystem Lifecycle with Platform Strategy[J]. International Journal of Technology Management, 2013, 62(1): 75-94.

⑤ Thomas L D W, Autio E, Gann D M. Architectural Leverage: Putting Platforms in Context[J]. Academy of Management Perspectives, 2014, 28(2): 198-219.

⑥ [美]阿姆瑞特·蒂瓦纳. 平台生态系统：架构策划、治理与策略[M]. 侯赟慧，赵驰，译. 北京：北京大学出版社，2018：118-122.

为此构建了一个考虑平台规模和协同效应的“情境-范式”匹配演化模型①。

本节综合考虑了平台演化的上述两个维度——平台规模与平台关系网络，同时考虑了平台的三大基本形态——生产平台、技术平台、多边（双边）平台之间的转型与混合平台建设②。因为在现实中，很多组织同时有着其中的两种或三种平台形态，并在不同的发展阶段进行着三者之间的演化发展与混合平台建设，例如亚马逊、沃尔玛、苏宁等零售商从经销平台模式向多边平台与经销平台的混合平台方向拓展，又如微软、谷歌等科技公司从技术平台向多边平台与技术平台的混合平台方向转型，还如海尔等公司在保留自主生产平台的基础上拓展出技术平台、多边平台的混合平台，腾讯更是混合平台与多环状平台网络建设的典范。为此，本节将从三个维度系统分析平台演化的方向及其机理逻辑，试图演绎与建构平台演化的整体图景，但重点仍然是多边平台间关系网络的演化，因为这是平台革命的大势所趋。

二、平台演化的维度

（一）平台形态的演化

很难考证平台的起源是在何时。建筑类生产平台古已有之，现代化的汽车制造平台在二十世纪七八十年代大放光彩。多边（双边）平台商业模式也并非在近代才开始出现，封建社会的集市

---

① 杜玉申，杨春辉. 平台网络管理的“情境-范式”匹配模型[J]. 外国经济管理，2016(8)：27-45.

② Carliss Y. Baldwin, C. Jason Woodard. The Architecture of Platform: A Unified View [R]. Working Paper, Harvard University, 2008.

和农贸市场就是典型的双边平台[①]。从平台诞生与发展的历程来看，平台形态的演进大致如下：从建筑设施等物理平台到企业组织平台；从企业组织的产品生产平台、技术平台发展为双边平台；企业双边平台演化为产业竞争与合作的多边平台；最后是多边公共平台与政府多边平台的出现。从单个组织的自发平台建设到生态系统领导者的混合平台与平台网络体系建设，不仅反映出平台的开放互动性越来越强，而且反映了平台的驱动力量由"看不见的手"更多地转向"看得见的手"。表2–1简要总结了公共平台与企业平台的演化趋势。

表2–1　公共平台与企业平台的演化及比较

	企业平台演变趋势		公共平台演变趋势	
	⟶	⟶		
价值取向	生产效率、企业竞争	产业合作与创新	单中心服务供给	多中心合作共治
创造价值的模式	标准化、模块化	开放合作、降低交易成本、网络效应	供给方规模经济	开放合作、降低交易成本、网络效应
资源取向	企业内部	企业外部	政府内部	社会资源
平台类型	产品平台，技术平台	双边平台，多边平台	行政服务中心，电子政务、门户网站	治理平台、多元供给平台
平台结构	标准化体系、模块结构	生态圈与价值网络	电子政务技术体系	生态圈与价值网络

① [美]戴维·埃文斯，理查德·施马兰奇. 连接：多边平台经济学[M]. 张昕，译. 北京：中信出版社，2018：60.

续表2-1

	企业平台演变趋势		公共平台演变趋势	
	⟶	⟶		
平台功能	批量生产、柔性生产	合作与创新	信息服务，一站式生产	协同、共治、创新
应用领域	生产制造、IT	各行各业	电子政府	公共服务、合作治理

从表2-1可知，平台形态的演化呈现出如下趋势：从资源性平台（如信息平台、技术平台）到制度性、组织性平台，再到形态综合性、功能复合型平台；功能领域从经济社会到政治社会，即从企业平台到产业平台，再到社会性平台、政治性平台；平台的使用群体越来越开放，服务对象越来越广泛：总体上遵循了从技术到制度，从实体平台到虚拟平台再到虚实结合，从私域到公域的规律。这种演化不是单向的、线性的，而是综合交汇的复合型演变，它进一步推动了世界的平坦化。平台构成了平坦化世界的一个基本的微小元素，一个又一个平台的延伸、连接、融合、互通，造就了更广阔的平台，平坦的世界最终得以形成。

平台形态的演化发展不仅体现了科技的进步，而且主要反映了人类对平台价值认识的深化与政治的民主化、社会的文明进步；不仅展现了平台用途与功能上的拓展，而且反映了平台的内涵不断丰富，外延不断扩展，更体现着平台模式与平台战略的魅力所在。当前对于平台的大量新闻报道与案例研究的文献表明，平台演化的一个重要趋势是社会治理与服务领域的多边平台、基于移动互联网的自媒体平台、电商平台大量涌现，这反映了信息技术驱动的社会需求变化和治理模式的发展转型。

(二)平台规模的演化

平台"帝国主义"现象表明，平台规模及业务扩展常常是平台演化发展的必然选择。需求方规模经济效应与多种网络效应的激发，使得平台具有向外扩张的本能倾向[①]。扩大平台规模不仅可以节约平均生产成本和交易成本，从而产生规模经济，而且可以吸引更多群体提供更多的服务，从而产生范围经济。此外，平台规模越大，平台对其他群体的影响力就越大，平台的垄断力和领导力越强。因此，平台建设以平台规模的发展演化为基本操作路径。

平台规模，即平台在人、财、基础设施等资源的投入规模、空间规模与业务规模。当平台产品供不应求时，供给规模直接决定着需求规模和用户流量，因而需要加大平台所需的资源和要素投入，完善基础设施建设，扩大平台规模，继而提高用户规模。这些资源的投入可以通过平台合约控制权的开放由其他外部主体完成，如资金、基础设施等要素和关卡交由其他主体供给，在放权的同时一定要懂得让利。因此，可以认为平台价值网络越完善，平台规模就越大。但平台规模不是越大越好，因为平台规模越大，其监督管理和维护成本就越大；而平台规模越小，功能和服务范围越狭窄，平台在实现功能时降低的交易成本就越少。所以在理论上，平台规模主要取决于平台节约的交易成本与监督管理成本在边际上的均衡，在现实中还要考虑平台的供给能力与需求规模的均衡。

除了增加固定成本及可变要素投入，扩大平台规模还有三条

---

① [美]马歇尔·范阿尔斯丁，杰弗里·帕克，桑杰特·保罗·乔达利. 平台时代战略新规则[J]. 哈佛商业评论，2016(4)：56-63.

途径。其一是通过平台结构的兼容和平台形态的演化，使平台发展为纵横交错、覆盖面广的混合平台或平台网络体系。其二是虚拟平台建设，借助网络信息技术建设与实体平台互利共生的信息网络平台，打破平台规模及业务的时空限制，使平台业务触手可及，实现平台的广覆盖。其三是平台业务的扩展。平台业务的扩展分为横向和纵向两种方向，横向扩展即提高业务领域的广泛性，使服务功能多样化、用户群类型多元化。一般来说，平台业务广度越高，平台越具有通用性和综合性，其“利润池”也越大。平台业务扩展往往具有多重动力：探寻新的价值源或增加新的用户群体，创造新的网络效应，或者纯粹是为了生存及应对竞争，但受制于人财物等资源的约束，业务扩张还可能导致生态系统内潜在的利益冲突，甚至严重会阻碍平台的发展。①

（三）平台间关系网络的演化

在新的竞争环境中，企业间的竞争已走向平台价值网络间的竞争，并进一步升级至平台生态系统之间的竞争。单一平台的竞争力已难以满足多元化、多层次的用户需求，更无法展示供给侧的体系竞争力，而且存在着被“平台帝国”或新兴独角兽平台包抄与覆盖的威胁。为实现平台的可持续发展，发展平台间关系网络、构建商业生态系统并实现大规模协作，已成为平台演化发展的新方向②。平台关系网络的演化发展应该以增强网络协调性为

① Hagiu. Multi-sided Platforms, From Microfoundations to Design and Expansion Strategies [R]. Working Paper, Harvard Business School, 2009.

② 李震，王新新. 平台内网络效应与跨平台网络效应作用机制研究[J]. 科技进步与对策，2016(20)：18-25.

目标，以发挥不同平台间的网络协同效应[①]。除了已存独立平台间的合作联盟，平台间关系网络的演化最重要的途径就是在既有旧平台母体及其生态系统网络的基础上，培育出新平台，并使得新旧平台互利共生、相得益彰，使得整个平台网络体系更加丰满，使平台领导力、公权力与体系竞争力更加强大。

从旧平台演化出新平台的角度看，平台间关系网络的演化一般分为三个阶段，按先后顺序分为寄生阶段、共生阶段、衍生阶段。平台寄生是某新型平台依附于其宿主平台的发展阶段，也是平台诞生的一种方式，是平台建设初期非常重要的生存方式，使得新型平台能够快速获取用户，提升平台对用户的吸附能力，但受到宿主平台资源能力和规则上的约束。在寄生阶段，平台的演化方向是谋求独立自主，演化方式主要有扩展平台功能、累计自身的独立性和用户群。平台共生是指某平台与其他独立的平台相互依存、相互补充、相得益彰。在共生阶段，平台的演化方向是增强对其他平台的影响力，或者借助其他平台壮大自己的实力。相应的演化方式主要有与其他平台的兼容、联盟、聚合和自身在规模、业务和用户市场上的扩展。平台衍生是随着平台的进一步发展而催生新平台的过程，平台演化方向是增强其他平台对自身的依附性，提高自身的话语权，实现平台通吃或广覆盖的目标。平台衍生包括三种演化方式：母平台诞生出子平台，平台功能裂变出多个新型平台，形成多平台交错互通的平台网络体系[②]。表2-2以火车票网购平台与社区社工服务中心为例，对平台间关系网络及其特征、优势进行了简单汇总与展示。

---

① 杜玉申，楚世伟．平台网络成长的动力机制与复杂平台网络管理[J]．中国科技论坛，2017(2)：44-50.

② 徐晋．平台经济学[M]．上海：上海交通大学出版社，2013：260-274.

表 2-2　多边公共平台间关系网络

平台间关系	关键特征	优势	示例一	示例二
母子关系	某平台脱胎于另一平台	“血缘”关系相互关照，发挥各自独特优势	火车票网购平台与反馈平台	社工社工服务中心与下属服务中心
共生关系	独立平台间依赖互补	创造完整的价值，服务及流程一体化	火车票网购平台与支付平台	社工社工服务中心与儿童福利院
主从关系	依附寄生，一方难以独立	主平台发挥领导优势，从平台借机生存、壮大	火车票网购平台与寄生广告	社工社工服务中心与社区联谊之家
虚实结合	组织虚拟业务与实体业务结合	满足网络消费需求，二者相互配合支持	火车票网购平台与售票大厅	社工社工服务中心与其网络服务平台
联盟关系	独立平台间的平等合作	资源、能力整合，平台聚集，提高整体竞争力	火车票网购平台与快递平台	社工社工服务中心与某基金会

平台间的母子关系一般源自母平台功能的部分裂变，随着子平台的成长，逐渐由寄生走向独立共生或联盟关系。共生关系源自两个独立平台之间基于完整价值链及其获利关卡之间的互补性而演化形成。主从关系反映的是弱势平台对强大平台的依附与寄生关系，源自弱势平台借力发展和强势平台完善价值网络的演化策略。平台间的虚实关系是响应互联网技术革命以及降低交易成本的需要而向电子商务演进的商业模式调整。联盟关系源自独立平台之间基于价值网络互补性而采取的资源整合、能力互补与相互策应的战略行动。此外，两独立平台间也可以有竞争关系。处于竞争关系的平台可以合并、联盟，或寄生在更大的统一平台上

共生。总之，平台间关系网络的演化需要从平台各自的发展战略出发，结合平台成长阶段及其资源或能力的约束条件，寻找平台之间的利益契合点和利益均衡点，致力于推动平台规模的壮大、用户间网络效应或平台间协同效应的激发。

三、平台间关系网络的演化路径

平台间的关系网络及其演化路径能够为平台的形成、扩展与升级和平台间的对接、兼容与合作，以及最终形成多环状网络平台与平台集群提供路径依据。其好处显而易见：能够拓展平台所链接的服务资源和功能领域，提高用户对平台的依赖感，增强平台的影响力。在生命周期的不同阶段，平台均可接受其他平台的支持，吸纳、聚集其他平台，或与之兼容、联盟，获取其他平台的链接、能量和资源。下面依然从旧平台演化出新平台的角度，探讨平台裂变、网络平方、平台聚合、平台移植等几种常见的平台间关系网络的演化路径。此外，还分析了独立平台间互联互通的常见演化策略。

(一)平台裂变

平台裂变是通过功能或业务细分，让特定功能或业务独立出来，裂变成一个新的专业性平台，即一个大平台产生若干小型的、更加专业化平台的过程[①]。平台裂变是社会化专业分工的产物。旧平台分离出新平台后，新旧平台之间可能是母子平台关系，也可能是共生互补关系，还可以是联盟协作的关系。平台裂变有两种形式：横向裂变、纵向裂变。前者是水平的、专业化的裂变，后者基于产业链上下游纵向分工的裂变。例如，广州某家仅提供养老服务的社区服务中心，裂变出青少年服务中心，后来

---

① 徐晋．平台经济学[M]．上海：上海交通大学出版社，2013：260-274.

该社区服务中心在佛山、揭阳等地也建立了同名的社区服务中心。三个不同地区的社区服务中心不是总部与分部之间的关系，而是独立运作、品牌共享、业务借鉴的关系。

(二)网络平方

网络平方(network squared)是由支配性平台衍生出新型平台的现象。当支配性平台存在资源闲置时，可以向其他组织开放所拥有的核心资源和获利空间。其他组织将这些空间、资源有效利用起来后会形成一个新的平台，并为共同的、更细分的用户群提供更加专业的服务。支配性平台向新型平台转移相应用户群，使第三方的附加服务或创新成果更容易实现。在以网络经济为基础的平台运营模式中，具有积极网络效应的用户群本身就是最大的资源，这是其他组织在短期内无法获得的[①]。对支配性平台来说，网络平方的好处在于有效利用了闲置资源并获得了相关收益；用户不仅没有流失，且其柔性化的高级服务通过其他组织得到了满足。对于其他组织来说，最大的好处是快速地吸收了支配性平台的用户资源，利用自己的专业优势为这些用户创造了更有针对性的专业服务。通过用户的平台多属行为，用户的基本需求由支配性平台来提供，附加的、专业的增值服务由衍生的新平台来提供。例如，移动运营商将通信网提供给迪斯尼、苏宁、阿里巴巴等，由这些企业为最终消费者提供附加的、专业的增值服务。事实上，企业平台与公共平台之间也可以相互提供网络平方，二者互相利用对方的资源为自己的服务提供便利。例如，企业平台可将自己的非营利性或公益性业务分包给社会组织平台来做。

---

① [韩]赵镛浩. 平台战争[M]. 吴苏梦，译. 北京：北京大学出版社，2012：51-52.

（三）平台聚合

平台聚合是指平台在发展过程中，由于其特定的业务模式、战略布局或发展需求等原因，通过与其他平台融合，以吸收、整合彼此的资源和能量，逐渐汇聚成一个更大的新平台的过程[①]。简单来说就是多个平台的汇聚、合并，或是一个平台兼并了另一个平台。平台聚合的目的在于产生聚集效应。平台聚合的条件与对象选择的标准很关键。平台聚合往往以平台间的互补性或相似性为前提，否则容易造成平台间的互斥与合并障碍。互补性表现在资源、能力、业务等诸多方面的互补上，相似性表现为相似的运营模式、营利模式、业务范围和用户群体。互补性平台之间的聚合有利于整合资源，创造范围经济；而相似性或竞争性平台之间的聚合产生出更大的垄断性，创造了规模经济。

（四）平台移植

平台移植的概念运用了生物学中的嫁接移植概念，是将一个平台的业务功能及其运作模式、创造价值的模式移植到另一个业务领域或其他组织而形成新平台的过程。简单来说，就是将一个平台的业务模式及其成功经验推广应用到另一个平台之上。例如，深圳社区社工服务中心借鉴移植了香港的社工运作模式，而梅州有些社工服务中心借鉴移植了广州的社工运作模式。多边公共平台建设和运行管理模式还可从企业多边平台移植借鉴经验模式。平台的嫁接移植应注意被嫁接平台应该具备与嫁接平台类似的运作环境、基本条件和自身基因，以避免水土的不服或基因的冲突。

---

① 徐晋．平台经济学[M]．上海：上海交通大学出版社，2013：260-274.

(五)平台间互联互通

平台间的互联互通是基于统一的标准和规则而实现互通共享的技术和策略。提高平台的兼容性和互通性具有如下优势:连接、整合更广泛的服务资源和目标群体,避免平台成为孤岛;延伸平台的服务体系,给用户创造便捷性,降低用户的平台多属成本[①]。这些优势有助于扩大用户规模。平台互通要求平台有意识地保持与其他平台在技术标准、规则制度等方面的统一性,主动设立能够与其他平台对接的接口和链接,取得平台之间互访问、互链接的授权,实现平台之间在信息、用户资源、技术等方面的互通共享。推动平台间的互联互通必须考虑如何降低接入成本和转换成本。除非平台之间自行商定,否则政府或行业组织应该有所作为,如建立标准规范或者直接规制接入成本。平台间互联互通还要解决好平台非对称性的困境。弱势平台应该主动地对强势平台进行补贴,成为其附属平台或为其添加互补产品及服务,以此诱导强势平台与之对接,但需要在客户规模等收益与自身独立性丧失、价值源被覆盖的风险之间进行权衡。在无规制环境中,若无法形成非对称平台之间的兼容互通,政策制定者就有必要制定相关政策来强制平台互联,以提高消费者剩余和社会福利,例如银联卡及不同地域社保卡的互联互通。收取平台接入费可以提高平台互联的收益,但平台具有合谋提高接入费的内在激励。为避免过高的接入费吞噬消费者剩余,对于政策制定者的规制是必要的[②]。

---

① 刘家明. 多边公共平台的运作机理与管理策略[J]. 理论探索, 2020(1): 98-105.

② 纪汉霖, 王小芳. 双边市场视角下平台互联互通问题的研究[J]. 南方经济, 2007(11): 72-80.

四、平台演化的规律与启示

在平台时代，类型庞杂的各式平台不断涌现，且往往交织在一起。平台演化是主动迎接平台革命的必然结果，也是平台革命的一部分。平台演化是平台成长战略一个重要切入点，不仅为单个平台的成长提供了运行轨迹，还为平台间关系网络的演变提供了操作路径。因此，研究平台演化的机理逻辑对于推动平台成长壮大、明确平台建设目标与任务、平台转型发展与平台间关系网络建设有着重要的启发意义。

(一)平台的成长历程

在一个平台从诞生到成长的整个生命周期中，一直伴随着动态演化的过程。而且，平台的发展演化伴随着用户规模的变化，用户规模直接决定着平台创造价值的的潜能与价值的大小。鉴于平台用户规模的极端重要性，本节根据用户规模曲线的变化来划分平台成长演化历程的不同阶段，并进一步确定每个阶段的平台建设任务及建设重点，见图2-2。平台用户规模变化一般分为三个阶段：初步形成、持续壮大和稳定阶段。相应的，平台成长可以分为三个阶段：创建阶段、发展阶段和成熟阶段。

平台创建阶段是从建设创议到用户到达临界规模的过程。用户到达临界规模是平台能够进入正常运转的基本条件，因此标志着平台创建工作基本完成。平台创建阶段的主要任务是建设平台运作所需的支撑环境和规则体系；投入基本要素和资源，构建平台基本结构；组建平台生态圈，选择、设置平台创造价值的关卡，连接价值网络；吸引用户进驻，启动平台运转。该阶段的主要目标是连接多边群体，并到达用户临界规模，实现平台的基本功能：对所需的资源能力进行初步整合，形成价值网络，显现出对互动合作的支撑和载体功能。

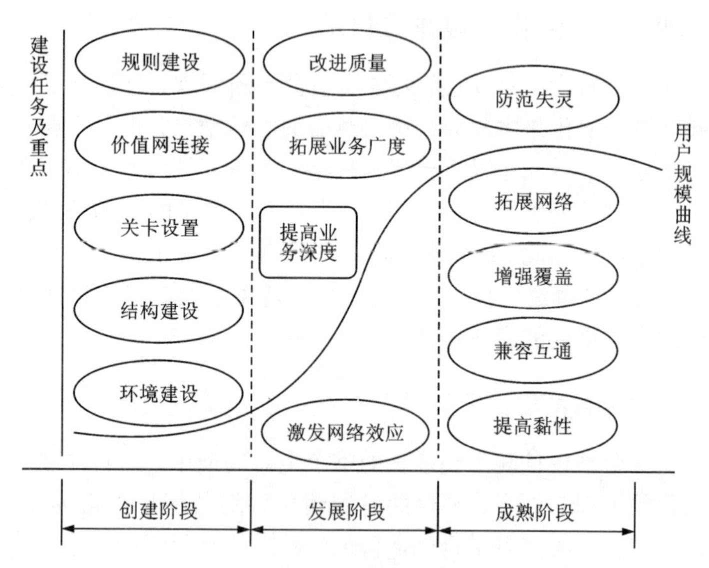

图 2-2 平台成长演化的历程与阶段性建设任务

平台发展阶段介于用户临界规模与比较稳定的、接近极大用户规模之间。因此，持续扩大规模，尤其是用户规模，是该阶段的主题和基本目标。该阶段的主要任务有激发网络效应，累计用户黏性；拓展平台广度；改进平台的结构、流程、功能与制度；改进服务质量，提升平台深度和专业化服务运营能力。平台成长阶段通过最大限度地把多边群体吸引到平台上来，实现了不同群体间互动合作、相互满足和权益配置的功能。

平台成熟阶段的基本特征是用户规模在峰值附近徘徊，用户流量稳定。在该阶段，平台功能发挥到了极致，平台对生态圈发展、合作共治与社会利益格局产生了引领导向作用。该阶段的主要目标是维持用户规模，发挥平台的领导力，防范与治理平台失灵。主要建设任务：增强用户黏性，提高平台兼容性与互通性，防止用户流失；细分市场，提高覆盖面、开放性、集成性，建立一体化的综合平台；通过拓展平台间的网络体系，推动平台演化升级，衍生、裂变出子平台、从属平台和互补平台，建设发达的平台网络体系和多环状平台。

（二）平台演化的规律与趋势

首先，平台演化的动力一般源自以下一项或多项因素：一是平台方限于资源能力的约束，不得已选择屈从或借用其他平台，推动借鸡生蛋式的演化发展模式；二是用户需求拉动平台的升级，或用户的多属行为推动平台的演化发展或升级兼容；三是平台为了提高覆盖面、影响力和效益，主动选择某种壮大自己的演化路径；四是不调整的后果压力，平台如果不能适应环境变化，将遭到竞争性业务的覆盖，或面临用户的大量流失与去平台化行为，或者是平台的负外部性行为及其风险放大最终将影响平台的利润池、影响力与声誉。

其次，平台演化的方向与路径需要综合考虑平台的成长阶段、自身的发展需求及制约因素、平台之间的网络关系、平台演化的技术可行性、平台间的合作交易成本以及平台演化引发的利益均衡问题，同时还要考虑平台演化的发展目标。平台演化的直接目标是增大平台的成长空间、创造价值的潜能，最终目标是增强平台对生态系统的主导性，使平台发展为其他平台依赖的宿主平台、母平台或平台网络体系，提升平台对社会和用户的影响力与吸附力。因此在平台成长前期，平台演化的着力点和主线是用户规模与自身规模的壮大，操作机理是激发用户间的同边网络效应与跨边网络效应；在平台发展后期，平台演化的重点则是促进平台关系网络的枝繁叶茂，操作机理是建设多环状平台网络，提升平台的协同效应。

最后，平台从诞生到成长壮大的演化过程总体上呈现出如下规律和趋势：一是从寄生到共生再到衍生，演化阶段不断升级，从脱胎于其他平台到自身独立，再到发展为母平台或宿主平台，并诞生、裂变出新的平台。如此循环往复，平台演化能力和领导力越来越强。二是从自身的规模和业务模式入手，到借用其他平台的资源、能力，再到支配、领导其他平台，或是裂变出新平台，再到不同平台间的聚合。平台体系越来越庞大，平台网络关系越来越复杂。三是地位和实力的变化，从半独立到独立地位，从独立地位到支配性地位，从支配地位到平台领导的多环状平台，最后形成助推“赢者通吃”的平台网络集群。

（三）平台间关系网络建设的启示

首先，生产平台、技术平台与多边平台等基本平台形态可以互利共生、兼容共通，也可以相互转化或彼此包络。三者的开放程度及其性质不同，它们共同构成了连续统和平台“家谱”。三者在工程结构方面的开放性、模块化、演化性等一致属性，共同决定了它们之间转型发展或融合发展的演化逻辑。例如，生产平台、技术平台将合约控制权开放给外部其他主体就可以演变为多边平台。多边平台与产品生产平台、技术平台也可以在同一组织中彼此分工协作、互利共生，成为能够发挥平台主办方和用户各自优势的混合平台。

其次，平台网络建设指在平台演化的基础上，通过建立或调整平台间的关系，发展平台间的兼容、协作、共生，健全平台网络体系，或者实现平台间的聚合，以形成覆盖范围更广的综合性平台。平台网络体系往往由处于母子关系、寄生关系、主从关系、衍生关系的多个平台构成。因此平台网络建设不仅仅要根据自身的发展需求，还要考虑其他平台的发展需求。如果平台自身影响力有限，就要在母平台、宿主平台的主导下，为它们添加互补的产品或服务。因此，发展平台间关系网络时，选择的合作平台要与本平台在功能业务上有一定的相关性。

最后，对于有一定独立性和影响力的平台来说，构建多环状平台网络是其演化发展为领导平台、提高创造价值的能力的基本路径。构建多环状平台网络是在已有平台的基础上，通过市场细分、业务多元化或平台的衍生、裂变，开发出若干辅助性平台、互补性平台、专业性平台，并能与主平台、母平台互动互补，构筑完善的价值网络系统以发挥出整体协同效应。构建多环状平台网络不仅能够提高平台覆盖面和用户流，还能提高平台的创造价值的能力、抗风险能力、用户黏性和话语权，有助于促进平台生态圈的壮大，因此是其成长为"平台帝国"、实现赢者通吃的基本途径。最后，在平台演化机理和发展趋势的背后，是平台创造价值的模式的驱动：平台规模决定着平台的规模经济效应与创造价值的潜能；平台协同效应决定着平台的范围经济、协作创新能力、包抄覆盖的体系竞争力。

第三章
政府的治理变革、平台战略与平台型治理

【本章摘要】

在平台时代，政府的平台革命发生在两个层面：一是应对平台经济问题而做出的治理变革，二是政府的平台性组织建设与公共事务的平台型治理。这不单单是对平台革命的积极回应，还是走出治理困境的需要，更是国家治理现代化的要求。其变革方向表现在平台经济发展及其风险的治理应对、公共服务的多边平台式供给、公共事务的平台型治理与平台型政府建设等方面。推进变革需要地方政府转变治理观念，树立水平连接、开放合作、赋权释能的平台思维；转换治理角色，并重新定位为生态系统及治理规则的平台领导；调整治理模式，连接价值网络，推行平台型治理；重构治理机制，整合供给侧资源并推动政府、市场与社会机制的融合；转型治理方式，建设多边平台并推行基于平台的公共品供给与协作创新。

多边平台是一种开放合作战略，强调治权开放基础上的生态系统价值创造，对提高公共就业培训服务绩效和优化公共卫生应急体系有着重要启示。平台战略启示政府相关部门要开放治权、完善平台规则、防范平台风险，搭建就业培训服务的多边平台以

整合生态资源、促进供需匹配，以网络效应为核心机制推动用户规模的扩展，注重提高供需交互质量与用户黏性，以提高就业培训服务绩效。地方政府优化公共卫生应急体系的基本策略应以创建应急多边平台并推行平台型治理为主。可以把卫生应急平台创建在省卫生健康委员会官网上，实行四级政府应急体系联网，注重用户管理、信息管理、平台推广与互联互通。平台型治理的基础是开放公共卫生应急事务的相关治权，并向相关主体赋权释能。省卫生健康委员会作为地方卫生应急平台的主办方，是平台的治权授予者、规则安排者，通过施展外部联络、运用价值创造工具、平台管制等策略来整合资源、匹配供求、促进互动，推动多边用户积极参与治理和监督，提升平台合作质量和应急治理效能。

第一节　平台革命时代地方政府的治理变革

一、引言

21 世纪以来，平台革命席卷全球、平台经济迅速崛起、平台战略如日中天、平台建设如火如荼以及其他领域广泛开展的平台实践都在宣告当今世界已经进入平台革命时代。美国、韩国和中国的多位学者均已意识到平台时代的到来①②③。互联网和多边平台叠加融合产生的平台革命力量，正在改变政治、经济、社会领域的方方面面，还将向教育和政府等领域拓展和深化。在政治领域，平台广泛应用于协商民主、廉政建设和国际交流合作；在经

① Phil Simon. The Age of the Platform：How Amazon，Apple，Facebook，and Google Have Redefined Business[M]. Las Vegas：Motion Publishing LLC，2011：1-2.

② [韩]赵镛浩. 平台战争[M]. 吴苏梦，译. 北京：北京大学出版社，2012：2.

③ 方军，程明霞，徐思彦. 平台时代[M]. 北京：机械工业出版社，2017：1.

济领域，那些发展得最好最快的经济体几乎都是平台经济模式，各地的经开区、自贸区、产业园、科技园、产学研合作中心、创新创业中心如雨后春笋般涌现，而且传统行业的传统组织正在向平台化转型①；在社会领域，仅社交平台就汇聚了全球大部分人口，越来越多的社会事务与社会服务选择基于平台的治理机制和合作供给。平台经济革命对传统行业和组织的颠覆性力量，必然给政府的经济治理带来新问题和新挑战，平台经济呼唤着政府的治理变革。平台社会革命使平台产生了重要的社会公权力，影响着政府的社会政策，平台革命时代孕育着公共服务与社会治理的变革。因此，地方政府应顺应平台革命潮流，与平台时代俱进，自觉地推动治理变革。

在平台革命时代，中央政府的治理应对更具有战略性和主动性。近年来，"平台"逐渐被提上中央政府战略议程，且频频出现在政府的纲领性文件和各类政策文本上。例如，十九大报告提出，要在国际交流合作方面建设新平台、在社会保障方面建立公共服务平台以及在廉政治理方面创建监督举报平台的战略部署。又如，2019 年国务院办公厅出台了《关于促进平台经济规范健康发展的指导意见》(国办发〔2019〕38 号文)。近年来，"一带一路"建设已取得显著成效，并产生了重大的国际影响力。中央政府还与地方政府联合主办和建设了诸如自贸区、进博会、园博会、数博会等一大批平台经济体。中央政府的治理应对必然需要地方政府的贯彻落实。事实上，很多地方政府也在积极对接"一带一路"等平台体系。不仅如此，十八届三中全会、十九大报告和十九届四中全会连续通过和强调了国家治理现代化的总目标，也要求地方政府推进治理变革致力于治理体系与治理能力的现代化。地方政府作为推进国家治理现代化目标的重要主体，影响甚

---

① 陈威如，刘诗一. 平台转型[M]. 北京：中信出版社，2015：13.

至决定着国家治理现代化的实现和进程[①]。地方政府治理的现代化是国家治理体系与治理能力现代化的重要构成和基本体现。因此，地方政府的治理变革不仅是平台革命时代的大势所趋，也是推进国家治理现代化的需要。

二、平台革命时代地方政府治理变革的方向

平台革命不仅具有爆发性的增长潜力和破坏性的革新力量，而且呈现出向各领域全方位发展、各行业广泛覆盖以及与各类组织深度融合的趋势。平台革命已对商业经济、社会生活等领域产生了颠覆性的影响，反过来经济社会的平台革命及其潜在风险给政府治理带来了新命题和新挑战，倒逼着政府治理的变革。不仅如此，平台革命正在向国际合作、公共服务、社会治理等公共治理领域大力推进，政府自身的运作模式、组织形态和治理方式也在自觉地、悄然地发生着改变。因此在平台革命的时代背景下，地方政府应该主动顺应时代潮流和发展大势，在推动平台经济规范健康发展的同时，积极借助平台经济模式的力量，抓住平台革命的机遇，推动公共服务的平台式供给、公共事务的平台型治理和政府形态的平台化转型。

（一）助推平台经济规范健康发展

平台经济既可存在于虚拟网络，也可以存在于现实生活，是一种供双方或多方之间进行交互的场所，平台本身不生产任何产品[②]。作为一种跨界、跨域的新兴服务经济，平台经济的确存在

---

① 常铁军，元帅．“空间嵌入”与地方政府治理现代化[J]．中国行政管理，2018(9)：74-78.

② 王玉梅，徐炳胜．平台经济与上海的转型发展[M]．上海：上海社会科学院出版社，2014：20-23.

潜在的风险与隐患。但作为一种新兴的经济形态，平台经济发展潜力是巨大的，预计在 2030 年将会解决全球 17 亿人口的就业，届时中国将会成为全球最大的平台经济体[①]。平台经济已为世界经济创造了巨大的效益，正在成为推动世界经济新一轮增长的重要动力。中国政府理应抓住平台经济革命的契机，推动传统产业的转型升级和现代服务业的快速发展，保障国民经济的稳定快速增长。但是，伴随着平台经济的快速发展，政府监管体系的缺陷日益凸显。平台经济中出现的行业垄断、恶性竞争、信息泄露、消费者权益损害等市场失灵的新问题和治理挑战接踵而至。因此，政府在助推平台经济发展的同时，还应注意防控平台经济失灵及其风险。

在助推平台经济发展方面，地方政府的治理应对和创新策略主要有以下几个方面：一是要从地方实际情况出发，制定既符合国家政策要求，又能促进地区发展的平台经济发展规划。2018 年和 2019 年的中央《政府工作报告》连续提出发展“平台经济”的战略主张，地方政府也应高度重视平台经济的战略地位，积极建设地方平台经济发展体系，提出传统产业与平台经济融合发展规划及转型升级方案。二是地方政府要为平台经济发展创建一种开放包容、公平竞争、合作共赢的营商环境，并通过放管服改革释放更多的经营管理权，建设好平台型创新与创业的环境氛围，从而更好地发挥双边市场的活力、释放平台经济的潜力。三是地方政府可为平台产业的发展提供一定的初始资金支持和基础设施支撑。因为平台经济具有初始投入大、营利周期长的特征，初始投入和基础设施是平台经济发展初期的瓶颈。当前地方政府应主要做好经开区、产业园、科技园、创新创业中心及孵化基地、产学

---

① 阿里研究院，德勤研究. 平台经济协同治理三大议题[R]. http://i.aliresearch.com,2017.

研合作中心等平台经济体的基础设施建设和政策扶持工作，降低企业的平台进驻成本，并提供融资等服务，为平台网络体系的发展牵线搭桥。四是与平台企业合作，共建共享平台经济，借助平台经济的跨界跨域力量推动地区城乡融合发展和创造就业就会，消解城乡二元分化的格局。例如云南新华村的“淘宝村”、江苏睢宁县的“沙集现象”就是平台企业与地方政府合作共治发展平台经济的典范。

在应对平台经济风险方面，地方政府的监管创新与治理变革同样不可或缺。平台经济的有序运行必定离不开政府的有效管制，需要借助政府的监管手段对各类经济主体行为进行规范与制约①。地方政府的平台经济监管与失灵治理的主要对策如下：一是制定并完善与平台经济相关的法律体系，加大对违法经营、虚报数据等行为的惩罚力度，限制不符合市场规则的运营商的准入资格，用法律手段来规范平台企业的经营行为。二是明确监管主体与监管对象，合理划分各职能部门的职责，减少过度监管、监管缺位等现象的产生，从而减少各部门间的“踢皮球”、相互推诿等情况发生。三是完善平台经济的监管方式，根据平台的类型、特点，采取相对应的监管措施，促进其在公平规范的环境中发展。但仅仅依靠政府的外部管制，显然是缺乏效率的，且容易出现监管不全、无力、空白的局面。因此，平台经济需要政府监管与社会多元主体监管的共同作用，需要充分调动社会多元主体参与监管的积极性，发挥社会多元主体监管的特有优势，以此弥补政府监管的不足，推进平台经济协同共治②。

---

① 阿里研究院，德勤研究．平台经济协同治理三大议题[R]．http://i.aliresearch.com,2017.

② 王勇，戎珂．平台治理[M]．北京：中信出版社，2018：321.

(二)推行公共服务的平台式供给

地方政府的公共服务供给模式大致可以分为几类：一是政府的自主生产，既可以是官僚制部门各自的分散生产，也可以是行政服务中心那样的一站式生产。二是政府买入由企业或社会组织生产的外包服务，具体形式有很多种，但实质都是政府供给的经销方式。三是社群或个体的公共品志愿生产。在现实中，志愿生产的能力毕竟是很有限的。前二种模式实际上都是政府主导的生产经销，生产什么、生产多少、生产标准都由政府主宰，既不能保障供需方之间的有效匹配，更不能满足市场需求的主导性和消费者需求的多元化。其根本原因在于生产者与需求者在生产过程中没有主导权、没有直接互动，而是由政府取消了或代替了供需主体之间的互动和匹配。显然，这样的供给模式存在诸多问题：政府无法敏锐地感知需求及其多样化，供需方间的匹配是困难的，而且成本高昂，供需主体之间的交互、合作与共治被官僚制阻隔。而推行公共服务平台式供给，即把供需主体汇聚在政府提供的多边平台，在平台上开展生产与交互，这样就能很好地解决这些问题。因为多边平台就是互补服务生产经营权等合约控制权开放基础上的多元主体互动的结构①。因此，以多边平台加速推广应用为核心特征的平台革命时代，赋予了地方政府改进公共服务供给方式的方向和契机。

事实上，公共服务供给领域的平台革命正在推进，如基于公共交通平台、公共文化平台、创业孵化基地以及公共就业服务中心、社区服务中心的公共服务平台式供给。公共服务的平台式供给是以多边平台作为公共服务供给的重要载体和运作模式，连接

---

① Andrei Hagiu, Julian Wright. Multi-sided Platforms [J]. International Journal of Industrial Organization, 2015(43): 162-174.

市场和社会中的利益主体都参与其中，通过平台整合各类公共服务的主体及其生产能力与资源，从而实现多元主体的协作性创新与整体性服务[①]。公共服务一般包括基础公共服务、经济公共服务、公共安全服务、社会公共服务四种类型。在不同类型的公共服务中，地方政府所提供的服务内容不同，多边平台发挥的作用也各不相同。在基础公共服务方面，地方政府可以完善各类平台基础设施或推进其互联互通，推行公共交通一卡通、水电气一卡通等服务；在经济公共服务方面，地方政府可以借助自贸区、经开区、产业园、科技园、创新服务中心、创业孵化基地、就业服务中心等平台经济体提供公共服务；在公共安全服务方面，地方政府可以借助新兴的平台技术，改善公共领域内的监控管理，建设网络监督举报平台等；在社会公共服务方面，地方政府可以创建多边平台，连接社会各类群体，整合多方资源的力量，借助社区社工服务中心、继续教育中心、残疾人服务中心、远程医疗服务平台等供给相关服务。地方政府以多边平台为互动结构与供给机制的公共服务供给模式，将使供给内容与形式呈现出丰富多样化的趋势，可以更有效地鼓励社会主体和市场力量参与公共服务供给，因此可以更高效地整合和利用了资源。

地方政府作为公共服务平台式供给的终极责任主体，一方面要明确自身的供给职责。作为平台的主办者，地方政府始终要以提升公共服务的质量和水平为目标，健全公共服务平台供给的相关政策和制度（诸如生产经营主体的资质及培育政策、服务购买与招投标政策、服务场地、服务标准等制度及服务评价政策），引入竞争机制和平台生态成员的相互监督评价机制。另一方面，地方政府要懂得有选择性地赋权与释能，将公共服务生产经营多个

---

① 卢小平. 公共服务O2O平台建设研究[J]. 中国特色社会主义研究，2017(3)：50-56.

环节的合约控制权公平地开放给有资质、有能力的外部供给主体，拓宽公共服务的创新内容和创造价值的环节，提供必要的服务、工具和规则，促进供需用户之间的精准匹配与高质量交互。

（三）促进公共事务平台型治理

鉴于政治民主化进程逐步推进、公共服务复杂性与日俱增，尤其是公共事务治理过程中多元利益主体要求共商共建共享的呼声日渐高涨，迫切需要一个能够支撑协商民主、多元供给、合作治理的互动结构、治理机制和工具体系，即迫切需要一个能够把公共事务治理“具化”的落地形态及其支撑体系。而平台革命为此提供了契机，多边平台就是这样一种“互动结构”——把多类利益相关群体连接起来的互动合作的治理机制及支撑体系[①]。基于多边平台的治理模式有助于推动民主治理的协同水平，提高民主协商的水平[②]。政府应该学习借鉴企业平台的运作模式与平台型治理机制，推动公共事务的合作共治和公共产品的协作创新[③]。平台型治理是政府部门在治权开放、资源共享的基础上，以多边平台为空间载体，连接生态系统中的多边群体并互动合作，以满足多元群体的需求、创造公共价值的一种治理模式[④]。因此，基于多边平台的平台型治理不仅契合现代治理的理念，而且为政府推动公共事务治理提供了操作框架。公共事务运作管理权、监督评价权、知情协商权及公共品的生产运作权等治权的开放是前提，供给侧的市场与社会资源的整合、吸附是平台型治理的基

---

① 刘家明. 多边公共平台的运作机理与管理策略[J]. 理论探索，2020(1)：98-105.

② Aaron Wachhaus. Platform Governance：Developing Collaborative Democracy[J]. Administrative Theory & Praxis，2017(39)：206-221.

③ Marijn Janssen，Elsa Estevez. Lean Government and Platform-based Governance—Doing More with Less[J]. Government Information Quarterly，2013(30)：1-8.

④ 刘家明. 平台型治理：内涵、缘由及价值析论[J]. 理论导刊，2018(8)：22-26.

础，多类用户群体基于平台的直接交互、互相吸引、互相满足和合作共治才是平台型治理的精髓。

在公共事务的多个领域，中央和地方政府正在开展平台型治理的实践探索。在政治事务中，开放办"二会"的理念及模式使得人民代表大会和政治协商会议越来越成为各界利益代表共商国是的民主协商平台，国家领导人论坛和峰会也越来越强调平台的多边开放性。在经济事务中，各地政府主办的本地龙头产业博览会、产业集群平台、技术开发创新平台、创业孵化平台及产学研合作平台越来越密集地推出。在公共服务和社会治理领域，代表各方利益群体的听证会不断举办，诸如社区服务中心、妇联服务中心、工会服务中心、残联服务中心、就业服务中心等原来由地方政府直接生产与运作管理的官僚制生产模式正在向基于多边平台的平台型治理转型。总之，在平台革命的浪潮下，在公共事务治理的实践中正在自发地践行平台型治理模式。其实，在地方公共服务和区域社会治理、社区治理中，平台型治理还有更广阔的应用潜力。地方政府近年来为企业、社会组织和公民群体的"搭台唱戏"已成为平台型治理的形象表达。因此，平台型治理理应成为地方政府公共事务治理的新常态。

(四)推动平台型政府建设

平台革命带来的冲击力，不单单体现在组织生产与产业链运作方面，还体现在对传统组织性质的颠覆上，即从传统科层组织转型为平台组织。平台组织将是未来组织模式的主流模式与底层逻辑①。在平台革命的推动下，传统的加工制造业、房地产业、零售业等行业的知名企业如海尔和华为、万科和万达、京东和苏宁

---

① 穆胜. 释放潜能：平台型组织的进化路线图[M]. 北京：人民邮电出版社，2018：33-34.

等正在向平台组织转型。多边平台思维不仅应用于政府的工程技术项目，政府在社会中所扮演角色的每个方面都可以应用平台思维[①]。平台型政府建设正是平台革命背景下的政府组织转型的尝试与探索。平台型政府即政府拥有像平台组织那样的组织形态及运作模式，把多类用户群体纳入政府的供给体系和治理框架，将政府的职能及其业务开放给这些群体进行生产运作与合作治理。于是，政府就成为一个推动政府系统内外各类利益群体多元供给和协作创新的开放性平台组织。

经济基础决定上层建筑，在平台经济时代，只有政府自身成为平台组织才能更好地抓住平台革命机遇、迎接平台革命挑战，才能更好地促进平台经济健康发展，才能更有效地促进公共事务的平台型治理。建设平台型政府，不仅有助于实现政府治理的精简高效，还有助于提高政府履行职责的能力、办事的效率、服务的质量，最终有助于推动国家治理的现代化[②]。政府具有信息密集、机构分散、信息不对称等容易进行平台革命的多个条件[③]。平台模式能够使政府流程更加透明、政府回应性更加友好和迅速、公共服务更富于创新，能够有效减少公民对政府的不满，而且公务员和市民、社会组织、企业都渴望多边平台模式能应用于政府的各个层面，因为多边平台有助于释放他们的能量。因此，政府的平台性组织建设与平台型治理是政府自身适应平台时代、顺应平台革命的最好回应。

平台型政府建设需要政府在水平连接多元利益主体的基础上

---

① Tim O'Reilly. Government as a Platform[J]. Innovations, 2010, 6(1): 13-40.

② 丁元竹. 积极探索建设平台政府，推进国家治理现代化[J]. 经济社会体制比较，2016(6): 1-5.

③ [美]杰奥夫雷 G. 帕克，等. 平台革命：改变世界的商业模式[M]. 志鹏，译. 北京：机械工业出版社，2017: 262.

释权赋能，成为平台生态系统的搭建者与领导者。地方政府首先要创新治理理念与模式，通过平台水平连接政府组织内部人员与外部人员，释放部分治权并赋予治理参与者的共治能力，形成一种多元主体协同治理的模式。其次是转变地方政府的职能，深入持续推进“放管服”改革与供给侧结构性改革，推动政府从封闭式的垂直管理模式向开放性、水平性的治理模式转型。再次是创新政府的运作机制，政府作为平台生态系统中的创建者与主导者，要密切关注供求两侧的用户需求，在供给侧灵活整合各类资源，在需求侧灵敏获取用户需求，促进供给两侧需求之间的匹配。最后，构建资源及数据的开放共享平台，推进政府线上服务与线下服务的融合，实现地方政府官员与民众之间的良性互动，实现高效率、低成本的办公，进一步提升政府的效能。

三、平台革命时代地方政府治理变革的路径

基于以上分析，地方政府为了助推平台经济规范健康发展、推行公共服务平台式供给、促进公共事务平台型治理和推动平台型政府建设，必然需要转变治理理念、转换治理角色、调整治理模式、重构治理机制、转化治理方式，积极探索治理变革的有效路径，循序渐进地推进平台革命时代的地方政府治理体系、治理能力与治理工具的现代化。

（一）转变治理理念，树立平台思维

现代化的治理必然由现代化的治理理念来导向，因此治理变革首先是治理理念的变革。平台思维是与平台革命时代相适应的合作治理理念。平台思维是一种开放合作思想，通过鼓励引导生态系统中的成员进行互动，并利用其他组织拥有的资源和能力实

现互补，促使供应商、竞争对手转为补充者或合作伙伴[①]。其本质是一种水平思维而非垂直思维，即通过水平的、开放的、互惠的合作来推动生态系统的整体治理。垂直思维是官僚制政府组织中和社会行政化管理过程中惯用的指导思想，其价值取向是稳定可控的统治秩序，核心特征是上级集权、层级节制、控制排他、指挥命令，必然形成政府与其他部门不平等的指挥与被指挥、控制与被控制的关系，必然走向一元化的管控型治理模式，政府封闭单一的公共品生产模式和全能政府、无限政府的政府形态，因此与现代化治理的方向格格不入。平台型治理模式要求地方政府转变治理理念，以开放包容的心态接纳社会多元群体的参与，共同推进公共事务的合作治理，形成一种共商共建共享的新型治理格局。

平台思维的核心特征是水平连接、开放共享、赋权释能、互动合作、互利共赢。水平连接的平台思维，要求地方政府与其他部门、其他群体在彼此平等、相互依赖、平等协商的环境中连接形成生态价值网络。在生态价值网络中彼此开放、交换与共享各自的优势资源，尤其是地方政府要开放更多的公共事务治理权力、平台基础设施及结构，吸引外部其他主体的进驻，以形成优势互补、资源整合的平台型治理能力。地方政府不仅需要与其他利益主体互动合作，更重要的是要懂得赋权释能以推动其他利益主体之间的互动合作与相互满足，在其他主体间的互动合作中自然地履行着自己的职责。从推动他人的互动和成功中分得一杯羹才是平台思维的精华，在互动合作中互利共赢是平台思维的落脚点，因而是政府平台战略和平台型治理的动力。地方政府要学会还权于民、让利于民，在互利共赢、激励相容中形成平台型治理

① Michael Cusumano. Technology Strategy and Management The Evolution of Platform Thinking[J]. Communications of the Acm, 2010(1): 32-34.

的动力，这样才能调动利益相关主体的治理积极性。

（二）转换治理角色，定位平台领导

在平台革命的浪潮中，地方政府不能听之任之或随波逐流，而应该找准自己的角色定位，在平台时代有所作为。在生态系统中，主导性的地位和影响力使平台主办方（安排平台规则并对整个生态系统及其演化、发展负责）或平台提供者（负责多边用户的召集、互动及支撑服务）成为平台领导①。政府是平台经济事务的主管者——宏观调控者与微观规制者，尤其是在公共平台生态系统及其治理实践中，凭借公共事务治权和公共品供给的委托者、治理规则的安排者身份主导着公共平台生态系统的整体发展。地方政府在多边公共平台模式中往往掌握着治理规则、资金支持、基础设施等核心的价值创造关卡，扮演着平台主办者、提供者或服务购买者等多种角色。地方政府在公共平台治理中的多重核心角色表明其无疑是平台经济和社会事务的实际领导者。地方政府作为平台领导，其功能在于连接利益相关者并整合资源、匹配供求、促进交互，在推动利益相关者权益实现的同时，对整个平台生态系统的稳定和长远发展负责，实现基于多边平台的公共事务合作共治和公共品多元供给的职责。

地方政府的平台领导职责核心是对平台治理进行掌舵，主要体现在对平台经济的发展方向及其促进产业融合及产业升级的整体布局、公共平台建设规划与业务范围的选择、平台型创新的方向以及平台演化发展的把控等方面。地方政府作为地区平台生态系统的核心，要对生态系统的整体繁荣与可持续发展、演进与变革负责。平台领导应考虑长远的未来和环境的变化，不失时机地

① Parker G., Van Alstyne M. Six Challenges in Platform Licensing and Open Innovation [J]. Communication & Strategies, 2009, 74(2): 17-35.

推动平台的演化发展①。因此，地方政府要在平台生态系统中施展领导力，需要做好以下几点：一是善于理解生态系统成员的多元化需求和不同群体之间的相互依赖关系，从而能够把他们连接起来，使其互动合作、相互满足并创造公共利益。二是前瞻性地设计平台规则与法律政策，健全能够包容创新、促进创业、鼓励共享互惠和避免平台陷阱、防范平台失灵的治理规则体系。三是懂得推动多边用户与多方主体合作的生态系统治理，提升用户权益，促进多元利益主体间的互动共治和激励相容，使他们在平台上各施其能、相互促进、相互监督、合作共赢。四是掌握生态系统治理的基本技能与平台创造价值的工具，激发用户群体间的网络效应，提供一揽子服务，提升用户黏性，通过不对称定价及补贴来合理分配权益②；还必须留意平台上的互动、参与者进驻情况和治理绩效指标，在掌控互动的同时提升互动质量③。

（三）调整治理模式，连接平台网络

在当代复杂的治理环境中，政府应该学会在与其他主体相互依存的关系中连接价值网络，构建一个开放共享、互动合作、互利共赢的生态系统，基于价值网络来创造并分配公共价值、实现对生态系统的合作治理和公共品的多元供给。基于多边平台的平台型治理模式强调网络价值，而不仅仅是产品价值。多边平台本身就是把多边用户群体连接起来的价值网络，并建立有助于促进

---

① Michael A. Cusumano. The platform Leader's Dilemma［J］. Communication of the ACM，2011，54(10)：21-24.

② David S. Evans. Governing Bad Behavior by Users of Multi-sided Platforms［J］. Berkeley Technology Law Journal，2012(27)：1203-1213.

③ ［美］马歇尔·范阿尔斯丁，杰弗里·帕克，桑杰特·保罗·乔达利. 平台时代战略新规则［J］. 哈佛商业评论，2016(4)：59-63.

互动的基础架构和规则①。平台型治理是以多边平台为空间载体，连接多边群体形成价值网络，通过治权开放、资源共享、赋权释能、合作共治来实现价值互动。平台型治理模式意味着地方政府的单向价值链向多元主体合作共治的价值网络转型：治理主体由单边到多边、治理结构由单中心到平台网络、治理模式由垂直管控到水平互动、资源和权力由封闭走向开放。地方政府在平台网络中与其他各类主体平行交互，淡化公共治理的边界、为多元主体间的无边界合作奠定基础，促使彼此之间的相互信任、协同共治，实现平台生态系统各方利益的均衡发展。

价值网络是平台型治理的基础，平台生态系统成员以各自的价值创造关卡组建价值网络。在价值网络中，每个参与主体凭借其一项或多项价值创造关卡各施其能、各得其所。这些关卡包括基础设施（包括实体或虚拟的共享空间、载体以及基础性公共品、服务或共享技术）、中介渠道（包括融资、信息、营销等渠道或辅助中介）、产品生产关卡（掌管产品内容的开发与生产）、服务创新关卡（互评服务的开发、生产及创新）、技术创新关卡（专门进行平台基础构架互补应用及其接口界面的开发创新）②。平台价值网络思想意味着地方政府向市场和社会授予更多的生产经营和参与治理权力。地方政府的职责在多边用户群体的互动合作中实现，政府的合法性随着平台用户的互动参与而得以彰显，平台型治理的绩效随着多边用户群体的壮大和用户黏性的提升而得以体现③。连接生态系统的价值网络，地方政府可以实现从传统的管控型治理模式向平台型治理模式的调整。地方政府应积极充当平

① 张小宁．平台战略研究述评及展望［J］．经济管理，2014（3）：190-199.

② 刘家明，柳发根．平台型创新：概念、机理与挑战应对［J］．中国流通经济，2019（10）：51-58.

③ 刘家明．多边公共平台治理绩效的影响因素分析［J］．江西社会科学，2019（7）：221-230.

台建设的规划者与治权的授权者、平台结构的搭建者与核心要素的供给者、多边用户群体的召集者与联络者、治理规则的安排者和平台互动的促进者、平台服务的提供者，以第三方甚至第四方的身份作用于平台型治理、公共产品供给的具体事务，发挥市场主体和社会主体的治理优势。

(四)重构治理机制，整合平台资源

在公共事务平台型治理模式中，地方政府的核心治理能力是整合资源、匹配供求并激发网络效应的协同能力。面对公共事务的复杂性与公共需求的多元化、多样性，地方政府依赖自有资源与一己之力已显得力不从心。在合作优于拥有的平台时代，地方政府可以通过整合平台生态系统内外、平台供需两侧的丰富资源，共同开发和利用广泛的社会资源与市场力量，提高资源的配置和利用效率，创造更多的价值和更优质的服务。平台型治理可以融合政府机制、社会机制、市场机制各自在资源配置中作用及优势：政府系统内部的资源整合与利用，仍然可以沿用官僚制的政府运作机制；闲散的、碎片化的社会资源，可以借用社会志愿、社会动员的机制加以整合与利用；资本化的、专业化的市场资源可以用供求和价格机制来利用和整合起来。这样，不同主体的资源得以有效整合，治理积极性和创造价值的能力也得以激发。

平台资源整合关键是重构治理机制，发挥不同主体的资源优势与治理优势。首先，地方政府要构建开放共享的治理机制。开放共享机制是创建平台生态系统、促进成员互动和整合资源的前提和基础[①]。开放既包括公共空间、基础设施、公共数据及其他公共资源的开放，还包括生产运作、监督评价等治理权力的开放和平台结构、治理规则的开放。地方政府通过两种方式——向外

---

① 李宏，孙道军. 平台经济新战略[M]. 北京：中国经济出版社，2018：144-145.

提供开放性和向内接入开放性，来整合共享内外部资源。其次，推动资源的供需匹配和用户的合作共治，关键是构建能够激发网络效应的治理机制。网络效应是平台创造价值、运行与治理的核心，是多元利益主体在关系网络中所产生的相互吸引、相互促进、互利互惠的影响及效果，即一边群体规模对另一边群体规模和利益有促进作用。网络效应意味着生态系统中外部参与者越多，平台及其补足品生产者就越有价值①。激发需求群体内部的网络效应有助于提高群体凝聚力和实现需求方规模经济，激发供求之间的跨边网络效应有助于促进供需匹配、降低交易成本，激发基本品生产者与互补服务开发者间的网络效应有助于产生范围经济和推动服务创新。因此，网络效应机制使平台生态系统成为一个彼此依存、相互吸引、互惠互利的共同体，推动着多元主体的资源整合、紧密互动和合作共治。

（五）转型治理方式，供给多边平台

公共服务供给是地方政府治理面临的基本问题和重要难题，供给方式也就成为政府治理的基本方式，政府治理变革必然表现为公共服务供给方式的变革。在平台革命时代，公共服务平台式供给已然成为当下流行的供给与治理方式，未来还将向更多领域和更深层次拓展。公共服务的平台式供给方式把供需两侧的用户连接起来，使其互相匹配、交互和合作，必然能够推动公共服务的多元供给和协作创新。地方政府应该顺势而为，加大公共品生产经营权、监督评价权、消费者选择权等治权的开放，将传统的政府生产与经销模式转变为多元主体合作的平台式供给方式，将

---

① Michael A. Cusumano. Staying powder: Six Enduring Principles for Managing Strategy and Innovation in an Uncertain World[M]. London: Oxford University Press, 2010: 17.

传统的公共服务供给转型为多边公共平台的建设与供给。多边公共平台是一种中介性、基础性公共服务，供给多边公共平台因而是公共服务合作供给的战略选择。地方政府往往是公共平台建设的主办者和关键要素的供给者，因此多边公共平台的供给主要是政府的责任，也是政府供给与治理变革的需要。

地方政府供给多边平台有三种方式：始创型平台建设，即创建全新的多边平台空间载体；改造型平台建设，即在原来生产平台、技术平台或基础性公共品的基础上，通过开放公共服务运作管理权，引进外部生产者，使得原来的单边平台改造为多边公共平台；平台网络延展型建设，是将既有的多边公共平台或企业多边平台通过平台寄生、裂变、聚合或依赖平台间的母子关系、共生关系、互补关系、联盟关系，催生、衍生、嫁接出新的政府多边平台。其中，始创型平台建设难度较大，需要全新的规划设计和全面的建设投入；而平台网络延展型建设方式相对简易，但对既有的平台网络存在依赖。相对而言，改造型平台建设可以直接利用原单边平台的基础设施、用户基础及其他资源，建设与实施成本较低，因此在现实中简单易行。供给多边平台的关键是把公共服务的生产运作、监督评价等价值创造关卡及其主体连接在平台空间载体上，形成互动合作的价值网络。因此，开放各类公共服务中心、引入外部主体往往是地方政府供给多边平台，继而供给公共服务的首选策略。

四、结论与展望

席卷全球的平台革命正在由经济领域向其他各个领域全面深入推进，并形成了平台革命时代。在平台革命时代，地方政府的治理变革大势所趋、不可逆转，事实上已正在实践探索中前进。地方政府治理变革是融入平台时代、抓住平台机遇、迎接平台革命的需要，其实质是地方政府与时俱进的平台革命，还是地方政府与时俱进的治理现代化征程。因此地方政府的平台革命与治理现代化，不仅有助于形成共商共享共建的国家治理体系，还有助于推动治理理念、能力、工具的现代化。

政府平台革命表现在多边平台模式推广应用后，政府在职责功能、组织形态与治理模式等方面的重大变革。在职责功能方面，政府需要由传统的公共品生产者转化为公共平台的提供者和基于平台的公共品供给者、平台用户群体的召集者、平台治权的授予者、平台治理规则的安排者，以第三方甚至第四方的身份作用于平台式治理、供求、协商等具体事务，而公民应被授予广泛权力，以激发政府改进治理方式和创新公共服务。在组织形态方面，只有政府成为平台组织，运用平台思维和平台模式建设平台型政府，才能更好地融入平台时代、迎接平台革命、领导平台型治理。平台型政府是政府像平台组织那样运作的形态，即创建平台载体、主办平台业务、对员工赋权释能、连接与整合供需主体，并促进其互动的组织模式。在治理模式方面，积极推动基于多边平台的公共品多元供给、公共服务协作创新和公共事务治理，在开放公共资源与相关治权的基础上，通过平台的互动机制、创造价值的模式与网络效应，借助并促进平台用户群体之间的相互依赖、良性交互，推动平台主办方、管理者和多边用户相结合的协同治理。

地方政府应突破传统的思维方式与价值理念，从平台经济规范健康发展、公共服务平台式供给、公共事务平台型治理和平台型政府建设等内容维度出发，借助多边平台的革命力量推进治理理念、治理角色、治理模式、治理机制及治理方式的变革，树立水平连接、开放共享、赋权释能、合作共赢的平台思维，扮演好价值网络连接者、平台空间供给者、互动合作的促进者、平台规则设计者的平台领导角色，连接生态系统价值网络以推动公共事务的平台型治理，整合供给侧资源并融合发挥政府机制、市场机制和社会机制的各自优势，积极创建多边公共平台，并推进公共服务的平台式供给。

总之，平台时代的政府平台革命是大势所趋，但充满了挑战和困境。尽管如此，未来的公共事务治理、公共产品供给以及社会生活的方方面面充满了平台革命的前景。在国际合作、民主政治、经济贸易、创新创业、智慧城市、公共服务、社区治理等领域，政府都可以主办或创建多边平台，推动平台型治理和公共服务的多边平台式供给。我们期待未来能够迎来开放民主的平台型治理与精简高效的平台型政府。

第二节　如何提高公共就业培训服务绩效：多边平台战略的启示

一、引言

“就业是最大的民生”，而就业培训是实现高质量就业的关键。以培训促就业不仅是我国政府应对结构性就业矛盾的根本举措，而且是其履行公共服务职能的重要体现。随着供给侧结构改革的深入推进，我国开始努力向全球产业链中高端获益，对劳动者素质结构提出了新要求。2020 年政府工作报告中 39 次提到“就业”，首次将就业优先政策置于宏观政策层面，并提出“今明两年职业技能培训 3500 万人次以上”。而早在 2019 年 5 月，国务院办公厅就印发了《职业技能提升行动方案(2019—2021)》，强调建立起面向城乡各类劳动者的终身职业技能培训制度。可以说，公共就业培训服务担负的任务是空前巨大、前所未有的。因此，公共就业培训服务能力与绩效也越来越受到政府和学界的关注。

当前，政府购买服务是公共就业培训服务供给的主要方式，它实现了公共就业培训服务“提供”与“生产”的分离。然而，受各种因素影响，公共就业培训服务绩效不高，我国就业质量只达到了基本水平（王阳，2019）。培训覆盖面仍显不足，《2017年农民工监测调查报告》显示，全国农民工中接受过非农职业技能培训的仅占30.6%。此外，一些深层次的问题也不断涌现。政府与外部供给主体“契约失败”（魏丽艳、丁煜，2015）：作为公共就业培训的第一责任人，政府并不追求竞争和低成本，购买就业培训服务成为一种政府表明自身脱身于公共服务直接生产的“象征性的政治行为”（周俊，2010），“撇脂效应”明显（李锐、张甦、袁军，2018），更有甚者弄虚作假、挪用培训资金（何筠、张廷峰、况芬，2015）。而承接培训服务的外部供给主体套取培训资金，虚假培训、违规培训（李顺杰、杨怀印，2017）。同时，被服务对象的培训需求难以表达，沦为“局外人”（张兴，2018）。再加上对培训的监管以政府主管部门为主导，监管手段单一，缺乏科学可操作的监管制度和互相评价规则，绩效评价的激励性、约束性也不够（何筠等，2015）。

政府购买就业培训服务是合作治理的一种重要形式（敬乂嘉，2014），是开放政府条件下的制度安排，强调权力共享、责任共担、公共事务共治（张成福，2014）。但是我国政府购买公共就业培训服务仍然延续自上而下的控制执行和下级服从上级的官僚管控战略，将政府凌驾于承接方和参训者之上。尤其是承接公共服务的外部主体非但没有分享权力，反而被“吸纳”到了既有体制之中（韩巍，2016）。政府购买就业培训服务的开放性本源和实现开放性的战略思路的封闭性之间产生了冲突，导致市场和社会等外部主体的积极力量难以发挥，甚至诱发了上面提到的一系列复杂问题。为此，迫切需要一种与政府购买服务相契合的新战略。

进入21世纪后，平台实践在各行各业全面铺开，“平台正在吞食整个世界”（Parker等，2016），由此我们进入了“平台时代”

(Simon, 2011)。在平台时代，平台战略以其强大的竞争力表现出席卷全球之势，更是首先在经济领域大放异彩，依靠其成功的企业不胜枚举：苹果、阿里、腾讯、滴滴……平台虽促进供需用户的价值互动，自身却不介入价值互动和创造，它在供需互动过程中扮演着连接者、匹配者、市场及规则设计者(Parker 等，2016)。平台的价值创造在于连接网络和促进互动，具有四大功能：一是吸引和汇聚供需两侧的用户；二是对供需用户进行匹配；三是提供基础设施、工具、技术与一揽子服务促进高质量交互；四是通过安排规则和标准来保障交互权益和价值的实现(莫塞德、约翰逊，2017)。借助平台，供需用户之间的交易成本得以降低(埃文斯、施马兰奇，2018)，且平台的多样性与汇聚性促进了创新(蒂瓦纳，2018)。

平台战略在经济领域的出彩吸引了一批学者开始思考公共治理与公共服务领域对平台战略的借鉴应用：Kelley 和 Johnstion (2012)认为，应用平台战略有利于改进政府与公众间的关系；Janssen 和 Estevez(2013)则认为平台战略可以实现公共品的协作创新，推动精简高效型政府建设。与此类似，Wachhaus(2017)、Ansell 和 Gash(2018)也认为平台战略有助于发展协商民主，实现协同治理，是公共治理的重要战略。同时，国内学者陈威如和余卓轩(2013)、徐晋(2013)、陶希东和刘思弘(2013)、刘学(2017)、丁元竹(2017)均表示平台战略是政府实现治理能力现代化的重要手段，有助于公共服务创新与公共治理的改善。

当不同类型的群体缺乏合作机制，或者互动、合作的交易成本过于高昂时，当公共服务需要多元供给与创新时，多边平台战略是必须的(Hagiu, Wright, 2015)。同时，平台战略在公共服务相关领域的成功实践，启示我们应借鉴平台战略来提高我国公共就业培训服务的绩效。将多边平台战略应用于政府的公共就业培训服务领域，即政府将就业培训服务对象及培训内容的决策参与权、就业培训服务的生产供给权、就业培训服务供给绩效的监督评价权等治权开放共享，以连接行业自律组织、用人单位、市场专职培训机构、职业院校、新闻媒体、专家学者、参训者等多边用户群体，搭建起一个提供就业培训空间载体、基础设施、资源和互动规则的交互平台，政府在其中充当推动双边或多边群体直接互动合作、相互满足并实现高质量公共职业技能培训的“催化剂”，而多边用户群体则基于政府所共享的权力在平台内享有平等参与权、协商互动权，政府与多边用户群体共同致力于创造更高公共就业培训服务绩效的目标。

二、治权开放基础上的合作共治与平台领导

政府购买公共就业培训服务是指政府通过财政资金向外部主体购买培训服务，二者之间建立契约关系，由承接方具体生产，以满足民众多元的就业培训需求。外部主体经由政府购买的制度化渠道参与公共就业服务生产，与政府构成了旨在供给更优公共就业服务的生态系统。平台战略基于这一点，致力于打造一个多方共赢的生态系统。系统成员一般包括平台领导，负责公共就业培训服务平台的整体架构设计、权力分配、治理规则制定及执行、培训平台内外交互的组织控制；生产者，负责具体公共就业培训服务内容的生产与开发；平台需求者，即就业培训服务需求者与需更高职业技能劳动力的用人单位。相对于经济领域的多边平台，公共服务平台还存在一个监督评价者。要在公共就业培训服务中将平台战略的价值发挥到极致，首先就要确定一个核心领导来主导多边平台模式的建设，然后将平台资源与权力予以开放，实现多边用户群体的连接并构建价值网络，形成一个协同增效的生态系统，同时在不断完善平台规则、防范平台风险的过程中更好地履行政府供给公共就业服务的职能。

(一)开放治权，连接生态系统

政府往往是公共平台建设的主办者和关键要素的供给者(Rubenstein, 2005)。公共就业培训服务的公共性属性和政府所具备的公权力、权威及丰富的治理资源，使得政府成为其第一责任人。因此，公共就业培训服务要借鉴应用多边平台模式，政府作为所建构的公共就业培训服务平台生态系统的领导者是应然的。而多边平台战略得以在公共服务领域运作起来并实现价值创造，其核心思想就是开放互动，允许市场和社会的扩充和修补(O'Reilly, 2011)。也就是说，政府可以是公共就业培训服务平台的最主要领导者，却不是就业培训服务唯一的决策者、规则制定者、服务生产供给者、资源配置者、监督评价者，政府需要其他主体的配合和职能上的弥补，与市场、社会主体形成互补合作关系。

合作关系的基本推动力在于资源的交换与共享(敬乂嘉, 2014)，政府需要外部主体的专业能力。与之相对应，市场、社会主体需要政府所控制的公权力。为此，政府要基于平等、信任、开放、共赢的价值观，对市场、社会主体赋权释能，共享公权力，即公共就业培训服务供给规模、培训内容、覆盖人群等相关决策权；培训服务的生产开发权；培训服务资源的配置权力；培训服务空间、工具、基础设施的使用权；培训服务绩效的监督评价权。如此，培训服务需求者(失业者、需要提升劳动技能的在职职工)、培训服务外部承接生产者(主要分为市场培训机构和社会组织两大类，具体包括高等院校、职业技工院校、市场培训机构、用人单位等主体)、监督评价机构(第三方机构、媒体、专家学者)等多边用户群体得以经制度化渠道自由进入到公共就业培训服务平台中来。这些多边主体之间利用彼此的优势资源相互助力、相互赋能，推动公共就业培训服务的多样性与创新性。需要注意的一点是，平台中权力是开放共享的，各主体不局限于某权力的应用，如监督评价权不仅为第三方机构、专家和学者所用，培训服务需求者、外部承接者以及购买主体的政府均可享有。由此，以政府购买为推动力的公共就业培训服务平台生态系统得以构建，图 3-1 为该平台的运作机理。

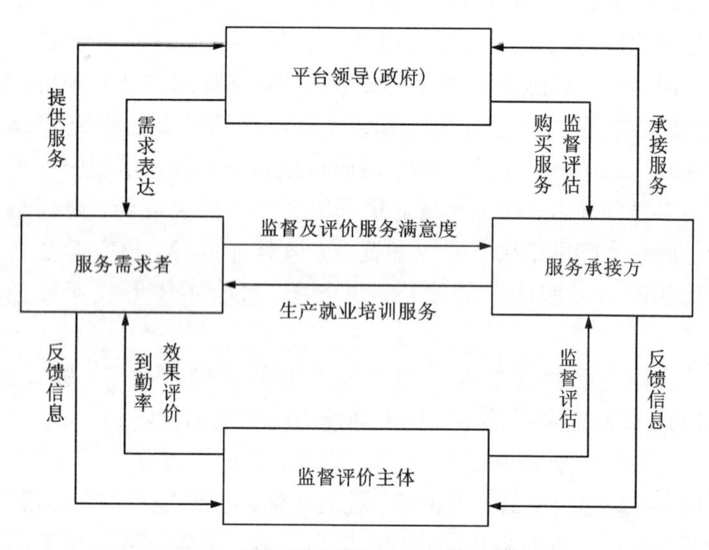

图 3-1 公共就业培训服务平台运作机理

（二）完善规则，推动合作治理

政府作为平台领导，不仅要建构一个融合多方主体的生态系统，更要制定平台规则，协调平台成员的互动合作和利益均衡。承接公共就业培训服务的外部主体，尤其是市场培训机构具有天然的逐利性，追求利益的最大化目标，而政府信奉公共利益，二者利益取向上并不一定能保持一致，若难以调和势必会造成外部主体参与积极性不高或者诱发道德风险。作为平台领导，政府规则的落脚点在于设计出激励相容的平台治理规则来平衡生态系统内的多元目标，在推动平台成员利益达到最优结果的同时，也实现就业培训效益最大化这一最高目标。政府购买培训服务的资金数额虽具有直接的激励效果却不是最根本之策，在强调资金强刺激的同时，必定辅以居高临下的严苛问责，且外部主体对政府资金的强依赖也会导致其成为政府机构的“附属”，其自主能动性和创新性受到制约。

尊重用户的平台能够获得更多的用户回报，最终双方都将获利(Parker 等，2016)。激励相容规则的建构要求政府尊重外部承接主体、培训需求者、外部监督评价者(政府、需求者、承接主体的监督评价除外)的主观能动性，通过沟通协商，共同制定动态的激励相容的规则。尤其是承接公共就业培训服务的外部主体不是被动完成就业培训任务的工具，其具有多维的需求，不单单关注参与就业培训的资金收益，同时其也具有治理的功能和需求。政府要尊重、回应服务承接方的利益诉求，努力建立信任和认同的伙伴关系，要允许其进行“咨询、表达、呼吁、参与、协商和评议等活动，影响公共决策和实际治理过程”(敬乂嘉，2014)。同时，成功的平台必定注重赋予公民协商对话的机会和渠道，为政府的政策制定提供情报(Janssen，Estevez，2013)；外部监督评价者中第三方评估机构的专业性、媒体的敏锐性、专家学者审视问题的深刻性也能够帮助政府及时发现问题和调整政策。依据此逻辑，公共就业培训平台上的成员可以在激励相容的规则框架下合理界定自身的地位和行为，以互利合作的方式共同参与到公共就业培训的服务与治理过程中，实现自身与生态系统的平衡与共进。

(三)防范风险，掌舵平台治理

任何战略在具体应用中都存在一定程度的偏差，战略操作者的主观局限性，再加上所适用实践环境的复杂性，都会导致战略在应用中难以避免风险与阻碍。在多边平台模式的应用中，平台风险时有发生：如“平坦性”缺失，信息不对称，平台的准入存在人为设置、妨碍广泛利益实现的门槛，相关利益群体和资源难以自由、平等地进入平台；“公平性”丧失，平台生态系统内的成员难以享有平等的参与权、协商互动权和统一的平台运行规则；“开放性”不够，平台结构较为封闭，权力被平台系统内为数不多的成员所垄断，资源被独占，有益的创新被抑制或放缓；“互动性”不强，平台上的用户群体不能直接互动，或可以互动却不拥有平等的话语权和影响力。

当多边平台模式应用于公共就业培训服务领域时，平台风险的表现形式更为复杂：难以实现“平坦性”，信息透明度不高，而准入门槛的标准又难以步步量化，主观性色彩浓厚，市场、社会培训机构对政府的游说行为被助长；难以实现“公平性”，公共就业培训服务平台功能扭曲，平台的公权力演化为平台内某一主体的私权力，基于公共就业培训服务的平等协作沦为过场；难以实现“开放性”，更多的相关利益主体难以基于制度化渠道自由进入就业培训平台，平台成员之间竞争不足，就业培训服务课程种类少，选择性不强；难以实现“互动性”，提供就业培训服务的主体不了解广泛劳动者的就业培训需求，劳动者的就业需求也难以进入就业培训服务供给的决策过程中，培训的课程内容针对性不强，与就业培训需求严重偏离。

平台领导的职能在于管理和维持生态系统的繁荣与健康，进行平台管理以防范平台风险与失灵（Boudreau，Hagiu，2008）。为此，作为公共就业培训服务平台生态系统的领导者，政府必须发挥掌舵作用，防止平台战略在公共就业培训应用中偏离“航线”。首先，在多边平台战略应用之初，政府要统筹规划，制定具体详细且可操作性强的平台规则，在充分调研和反复论证的基础上分阶段渐进开展。其次，在平台开始运行后，要加强监管，把控交互质量。通过鼓励并且奖励好的行为模式，帮助他们树立公共利益至上的文化基底与价值共识，引导服务承接方、参训者自我改善与提升。同时要以互联网技术，建立内嵌于公共就业培训服务平台的信息平台，利用互联网技术的交互性与即时性，连接利益相关主体以及专家、媒体共同监管培训效果，以实现最小化负外部性。

三、基于网络效应运作机理的用户规模成长

公共就业培训服务绩效提高与否，最直接的一个表现就是所构建的就业培训服务平台在网络效应激发下吸引的用户规模，一旦公共就业培训服务绩效有所提高，想要参与就业培训的劳动者规模就会扩大，与之相对应，生产供给培训服务的市场、社会主体规模也会扩大。平台用户规模即平台多边用户群体的总体数量，直接决定着平台存在的合法性和价值创造力。因此，扩大用户规模在多边平台战略应用于公共就业培训服务规程中极其重要。平台战略源源不断地创造价值的核心机理是多边用户群体之间相得益彰、互利共赢的网络效应，平台及其用户规模在网络效应的作用下像滚雪球那样越滚越大。网络效应有两种作用形式：同边网络效应，即一边用户规模的增长，将会影响同一边群体的其他使用者所得到的效用；跨边网络效应，一边用户的规模增长将会影响另一边群体使用该平台所得到的效用（Eisenmann 等，2006）。两种网络效应的激发不仅使得平台迅速壮大，还能带来积极反馈，优化已有结构，为用户带来更多价值。因此，要以环环相扣的机制设计和运行策略，实现网络效应的正向循环，推动平台生态系统持续壮大，渐进地实现多重公共价值。网络效应在平台供需用户之间表现得最为明显，因此这里主要阐述这两类用户的规模增长。

（一）需求方用户的组织与规模扩大

在公共就业培训服务平台中，需求方为适龄的各类劳动力，重点分为需要提升工作能力的单位在职职工和需要提升就业能力的就业重点人群、失业人群。据2020年《政府工作报告》，我国计划今明两年职业技能培训3500万人次以上。要扩大用户规模，首先要做到用户突破临界规模，然后持续增加用户规模。

突破临界规模。临界规模是平台生态系统能自行运转与维持所需要的用户规模，实质是网络效应激发所需要的用户规模值（陈威如、余卓轩，2013）。突破临界规模离不开营销，陈威如和余卓轩（2013）利用市场营销原理提出了引导平台用户的四个步骤：察觉、关注、尝试、行动。首先，作为平台领导者的政府、服务承接方要在潜在用户流动性较高的地方或其他合适的场所宣传平台及服务，同时也可充分利用广播电视、报刊、门户网站、新媒体工具等媒体深入宣传介绍，让用户察觉到政府就业培训服务平台的存在；其次，服务承接方要基于政府所分享的公权力开展入户、入企业调查，详细讲解就业培训的优惠政策，有效传递公共就业培训服务平台的服务及其核心价值，使民众真正关注平台；最后，通过免费、补贴策略（Parker等，2016）以及降低交易成本（Badwin，Woodard，2008）的方式，鼓励用户接触、试用、尝试与体验公共就业培训服务。具体措施：一是坚持公益性免费、补贴原则，尤其是对于一些贫困劳动力、残疾人、零就业家庭、城乡低保对象，要按规定给予生活费和交通费的补贴，同时补贴的申领流程要优化、申请材料要简化，并逐步推行网络申领；二是简化培训报名环节，优化准入流程。成功的平台必定是能够让需求方用户容易到达和容易通过的（埃文斯、施马兰奇，2011）。凡是能依托管理信息系统或其他部门信息共享、业务协同获取个人信息的，就可以不要求个人重复提供或报送纸质材料，让平台准入更便捷、更高效。

持续增加用户规模。用户规模能否持续增加，关键在于最初入驻的用户的满意程度，最初参加就业培训的劳动者会影响到潜在需求者的参加效应，即同边网络效应发挥重要作用。因而，在推动民众积极参与就业培训的过程中，不能过急过快，过于看重培训数量与规模，而是要将培训质量摆在第一位，注重已入驻平台用户的体验和感受，充分满足其提高职业技能、实现高质量就业的期望。如此，他们背后的“朋友圈”自然会积极主动地涌入，需求者纷纷由“要我培训”变为“我要培训”。

(二)供给方用户的筛选与规模扩容

在公共就业培训平台中，供给方用户也就是服务承接方，如高等学校、职业(技工)院校、市场培训机构、用人单位等主体。这些供给方用户基于政府所共享的公权力开展具体的就业培训服务生产，是平台价值的主要创造者。因而，为了获得更多的价值，满足多元差异化的培训需求，对待供给方用户的入驻应践行高度开放的原则。但平台需要的是合适的参与者(埃文斯、施马兰奇，2011)。庞大参与者的入驻并不必然使平台具有更多价值，不合适、不理想用户的入驻反而会削减需求者对公共就业培训的信任和满意度，以至于诱发平台风险与失灵。为此，平台需要一个筛选机制以选出合适的参与者，要及时、准确地公布培训质量信息，以明确表明具备哪些资源与能力的供给方能够入驻平台，并获取培训服务供给资质。这些信息要与培训任务相对应，表现为对培训师资力量、物资配备、培训课程的内容和形式、进度计划、组织制度以及社会信用等方面的要求。需要注意的是，筛选机制的设定必须紧跟就业培训需求和就业市场状况实行动态调整，贯彻公开、透明、统一、公平的原则性要求。当然，筛选机制要防止赢者通吃的现象，对于新主体和创新主体的入驻，要放宽筛选，以达到培育多元供给方的目的。

基于筛选机制为供给方用户的大规模入驻做好保障工作。正如同边网络效应在需求方规模扩展中的运行逻辑一样，要让供给方用户大量持续增加，需保证供给方用户因参与服务生产而享有合理利益。一旦供给方用户所承担的培训任务与获益不成比例，负担沉重难以提供高质量培训服务的同时更会把潜在的供给方用户挡在门外。实现供给方用户规模的扩容，不仅要保证对供给方的财政资金、基础设施投入到位，更重要的是信任关系的建立。费尔南德斯比较了影响委托-代理关系的三大要素(竞争、监督及信任)，发现其中最具积极意义的是信任因素(Fernandez，2009)。获得信任的可能性越大，交往的成本越小(许源源、涂文，2018)。因为不信任所导致的严密控制会造成很大的交易成本，同时会造成培训服务供给过程中各类成本的浪费，这在很大程度上抵消了供给方生产培训服务的收益，如此就大大打击了外部主体承接服务的积极性。

作为平台领导者的政府与供给方用户是共生伙伴关系，供给方用户不是政府的从属与附庸，二者更不是厚此薄彼的博弈对立方，平台领导者不能居高临下，让入驻的供给方用户生存于苛刻的条件之下。为此，要通过正式与非正式、硬手段与软措施相结合的方式，构建平台领导者与供给方用户信任合作的精神基底。当信任机制得以建构，交易成本得以降低，供给方用户利益空间变大，潜在的供给方用户自然会“蜂拥而至”。同时，信任并不是盲从，高度的信任等同于低度的不信任(Rotter，1980)，要保持一份“批判性的审慎与理性”(Simon，1976)。因而，要将政府与供给方用户之间、供给方用户与需求方用户之间的互动行为限定于三方都可接受的制度化框架内，同时辅以专家、媒体、第三方机构的监督评价，在多方制衡中实现培训服务质量的最大化。

(三)跨边网络效应激发与共同体形成

将需求方用户和供给方用户吸引至平台至多完成了建构公共就业培训服务平台工作的一半。只有当需求方用户和供给方用户来到公共就业培训服务平台并有所交流互动时，平台的价值才得以显现。平台上虽挤满了供需用户，但供需脱节、供需错配，但极易出现供给方一厢情愿而需求方的需求得不到及时满足的状况。成功的平台必定是跨边网络效应充分激发，不同的用户群体彼此相互吸引，某一类型的供给与某一类型的需求按比例恰当配置，形成权力和责任相互依赖、价值和利益相互促进的利益共同体。

这首先就得摆脱“只专心服务单边使用者”的传统思维框架，将平台事业定位为可以服务“多边”群体的机制，连接起各群体之间的跨边网络效应(陈威如、余卓轩，2013)。公共就业培训服务平台是一个连接供需的多边平台，这个平台既不能一味迁就供给方用户，也不能一味迎合需求方用户。要知道公共就业培训服务供给内容的选择是一个寻求最优解的过程，并非所有劳动者的就业培训需求都能够得到满足。尤其是政府不能一味强调培训需求者的权利，而忽视其在就业培训中的角色、职责以及需要履行的认真培训的义务，将就业培训中所有的风险丢给供给方用户。供给方用户参与培训的补贴大多以学员出勤率为重要考核标准，然而参加培训的很多学员不能善始善终，到结业考试的时候通过率低甚至缺考，这样一来，供给方用户不仅拿不到补贴，还要贴上基础设施折旧费用、师资聘请费用，供给方用户怨声载道，跨边网络效应难以激发。因此，要强调受训者的主体地位，给予其与培训服务供给者平等的话语权，鼓励其参与到培训服务决策、供给、监督评价中，在其与政府、市场、社会主体互动的过程中激发其主人翁意识和责任心。同时，政府也可以通过一些硬性措施来保障受训者履行认真培训的义务，如培训前拟定培训合同与承诺书、培训过程中的学习态度与失信考察、培训后的技能鉴定等。

与此同时，为了强化供需用户之间的跨边网络效应，可以从每一个培训服务项目出发，横向对比不同供需用户之间的匹配质量，从中找到匹配效率最快、质量最高的最佳供需用户“标杆”，当然这个标杆是一个动态调整、不断更新的过程。通过标杆，细致分析能产生最佳供需匹配的原因和过程，以启发其他供需主体学习、借鉴最佳做法。也就是说，要找出需求方与供给方之间最好的交互典范，以此鼓励两边用户中的需求方和供给方都按照这个基准发展。当供需用户群体纷纷朝着这个最佳做法前进时，跨边网络效应自然能持续长久生效。

四、致力于用户黏性的供需匹配与交互促进

用户规模要不断拓展，更要保证进入平台的用户“留得住”。在平台生态系统中，用户黏性即用户群体对平台的依赖感和归属感，体现了平台吸引用户、留住用户、防止用户流失的能力，是衡量平台价值输出的重要指标。用户黏性是平台绩效合法性的体现，用户黏性高表示平台输出的价值多，也意味着用户满意平台所提供的产品与服务（刘家明，2019）。高强度的平台黏性正是一个运行良好平台的魅力所在。因此，提高用户黏性是平台创造价值的基本手段。当多边平台战略应用于公共就业培训时，用户黏性体现为参训者对培训服务的满意度、在培训过程中的配合度以及每一次培训课程的出勤率，而决定这些要素高低的关键就是参训者掌握了就业技能并及时实现再就业。为实现这一目标，公共就业培训服务平台需完善就业培训体系，深耕培训业务，即从广度和深度两个维度着手。

(一)用户黏性关键在于掌握就业技能并实现再就业

提高平台使用的效用是增强用户黏性、对用户实施“绑定”的重要策略。用户是基于一定的目的和需求进驻平台的，因此保障用户正当的、合理的权益和诉求，是留住用户的基本途径。民众参与公共就业培训的理论逻辑符合人力资本理论。人力资本理论认为，“职业培训与职业联系得最直接、最紧密、最深入”，他们坚信“人力资本投资水平或人力资本存量与个人收入水平为正相关的关系”(舒尔茨，1990)。同时，相关研究也表明，就业培训能帮助求职者确定自身职业定位，提高职业匹配度、劳动条件、社会保障，进而增强就业稳定(孙微巍、苏兆斌，2016)。通过就业培训能增长专业知识、提升职业技能，有利于实现高质量就业。

秉持着这样的理念，当就业需求者参与培训后，若就业技能没有得到其所期望的提升、培训后实现就业的比例较低，参训者必定对就业培训效果感知差、评价低。长此以往，民众会对公共就业培训服务丧失信任，从此便持怀疑态度，不屑参与政府开展的就业培训服务。而随着培训需求的减少，作为培训服务供给主体的外部主体无用武之地、无利益可分，也会逐步退出，公共就业培训服务平台生态系统随之崩盘。因此，要保持就业需求者对公共就业培训服务平台的“黏性”，就要确保参与培训的民众能获取他所期望的就业技能，并能够在考核评定为合格后，及时高效地顺利上岗就业，推动培训-考核-就业的常态化，防止投入了大量人力、物力、财力的公共就业培训由于不符合参训者需求与期望而导致的就业培训服务流于形式化、表面化。这也表明，要鼓励参训者与培训服务供给者的交流互动，实现二者利益与目标的融合，保障供需高质量匹配，同时在对服务承接方生产的就业培训进行绩效评价时，应以技能鉴定通过率和就业率为考核重点，并将其与激励措施挂钩，以此明确服务承接方的努力方向。

（二）完善就业培训体系，推动多边用户群体供需匹配

平台业务广度反映业务内容的广泛性与功能多元化程度。平台的业务覆盖范围越广，平台的服务功能就越全面，平台对用户的黏性也就越强。为此，完善公共就业培训体系，不能为了完成培训任务而培训，应充分考虑与就业培训紧密关联的相关要素，即提高就业培训服务绩效所涉及的除就业技能培训以外的因素。平台犹如一个“中间人”，旨在帮助供需两侧不同类型的用户找到对方，并开展互动合作、互惠互利。公共就业培训服务平台也是一个中间人，一边连接着具有强烈就业愿望的民众，一边连接着急需填补的用人单位空缺岗位，要实现“职得其人”“人尽其才”的多方共赢目标，需理顺中间人与具有就业需求的民众、中间人与用人单位之间的多向交互关系。这就要求始终贯彻两个匹配原则，中间人开展的培训与民众的培训需求相匹配，中间人开展的培训与用人单位的工作岗位要求相匹配，即所培与所需相匹配、所培与所用相匹配，在不断推动更好匹配的过程中完善就业培训体系。

首先，保证培训内容与劳动力的培训需求相匹配。这不仅要求给予民众自由、畅通的就业培训需求表达渠道，也强调“中间人”在开始培训前要评估受训者的就业心理、生理、最初职业能力，将自下而上传递的需求与科学调查、评估相融合，以保证所开展的就业培训适合求职者现状、符合其所需。同时，“中间人”要重视对具有就业心理障碍的人进行心理疏导和精神鼓励，帮助他们树立积极就业的决心和信心，进而提高培训过程中民众的积极参与及配合程度。其次，保证培训内容与用人单位工作岗位的匹配。用人单位的岗位特征与要求决定了培训的内容，为此“中间人”要时刻关注就业市场趋势，明确市场中最紧缺的工作岗位、

最具潜力的工作岗位、最新出现的工作岗位，从而与职业技能、经验储备不同层次的劳动力相对应。与此同时，用人单位要借助“中间人”与参训劳动者近距离接触的优势，将公共就业培训服务平台打造成为岗位信息的发布平台，从而降低自身搜寻劳动力的成本。而对于一些年龄偏大、技能水平低、就业能力弱的特殊人群，作为“中间人”领导的政府可以通过提供一定的企业补贴和减税政策鼓励用人单位聘用这些人群，努力让每一位经培训考核合格的民众都能妥善解决就业问题。

（三）深耕细作平台业务，提高多边用户群体交互质量

吸引用户并提高用户满意度需要通过提高平台业务深度来实现，深耕细作平台业务能推动服务供给者提高其服务专业化水平和质量，使培训服务供需用户之间的交互更加频繁、高效，进而提高就业培训服务绩效。平台业务的深度越高，服务则越加专业化、细致化、个性化，用户的多元化、柔性化需求就越能得到最大程度的满足。用户基于平台的交互体验越加良好，用户对平台的依赖感也越加增强。一次公共就业培训服务的开展涉及多个要素：地点、时间、培训对象、培训教师、项目内容、培训考试。要提高公共就业培训业务深度，须“深耕”这六大要素。

第一，培训对象。我国失业人员在群体类型方面表现多样，有农民工、妇女、老年人、高校毕业生、退役军人、残疾人等，而同一类型的群体又因所处的阶段不同而呈现出人力资本积累的差异，同时同一群体、同一人力资本积累情况下的个性结构更是千差万别。因此，公共就业培训服务不能将一个培训内容模式套用到不同类型的人、不同层次的人、不同个性的人身上，要基于以上三个维度进行分类，以寻求培训对象共同体。第二，培训教师。师资队伍中不仅要有擅长深刻解读就业政策文件、系统阐释专业理论知识的理论型教师，还要有侧重操作与实践技能传授，

具有丰富工作经验的能工巧匠、知名企业家、成功创业者，要灵活配置与调用不同师资，以最大限度地满足培训对象理论与实践的复合需求。第三，培训地点。平台提供了多边用户交互的空间或场所，由平台领导主导建设的培训基地是培训的主要阵地，应尽可能覆盖城市社区及乡镇村组，同时应该充分调用主体的场所。此外，建立基于网络空间的数字化培训场所也是顺应信息技术发展的大趋势。如何决定应充分考虑参训者的数量、分布状况、地域集中程度以及场所基础设施的完备程度。第四，培训时间及时长。要根据不同的工种、学员素质决定培训时长的长短，而培训时间则更为灵活，农闲或农忙、工作日或双休日、白天或晚上，时间的确定应结合安全性与参训者的时间状况考虑。第五，培训项目内容。培训内容除了要考虑到受训者的需求与个性外，还应立足于地区产业战略布局与现有的产业特色，保证培训后的劳动力能及时对接当地就业市场。第六，培训考试。要将技能实操与理论笔试相结合，对学员培训后掌握知识的程度和技能操作情况进行评价，而理论与实操在考试中所占的比例取决于培训内容的设置，在这个过程中还要辅以及时、便捷的职业技能鉴定服务以及就业促进服务，如做好用人单位与培训合格者的“牵线搭桥”工作。

五、结论

随着治理现代化的推进和平台时代的到来，多边平台战略研究方兴未艾，成为经济学与管理学界中最活跃的研究领域之一。相比之下，在公共服务与公共治理领域，多边平台战略的应用研究尚处于开拓阶段，研究稍显滞后。以公共就业培训服务为研究对象和突破口，探讨多边平台战略在公共服务领域的创新应用，既推进了公共服务理论创新，也是实践中公共就业培训服务对平台时代下平台经济迅猛发展的及时回应。平台经济作为一种新的经济模式，必然引发社会就业模式发生改变，“新就业形态”随之产生（张成刚，2019），政府所提供的公共就业服务需对此做出有效回应。同时，政府还需要在就业培训服务供给内容、劳动者权益保障方面做出调整，如对平台用工保障机制的探索（闫冬，2020）。政府具有信息密集型、机构分散、信息不对称等容易形成平台革命的多个条件（Parker 等，2016）。为此，在公共就业培训服务领域，不仅要顺应平台经济发展大势，做出与新经济形势相应的调整，而且培训服务的供给战略也可借鉴多边平台进行创新，提高公共就业培训服务绩效。

在多边平台战略的启发下，政府应开放公共就业培训服务治权，推动多类用户群体——行业自律组织、用人单位、新闻媒体、市场培训机构、职工院校、参训者参与到公共就业培训服务的决策、生产供给、监督评价等过程之中，这样，传统的公共就业服务机构就可以转型为多元相关利益主体互动合作的多边平台；基于网络效应机理促进多元主体相互吸引、相互促进和相得益彰，从而形成利益共同体，推动培训规模的壮大；设计良好的信息机制、交互合作机制、监督评价机制、利益分享机制等平台规制，推动公共就业培训服务供求匹配的同时提升培训服务的绩效。其中，政府所扮演的角色是平台供给者、治权授予者、供需双方召集者、规则制定者、就业服务业务委托者与购买者。政府以第三方的身份作用于互动合作的供需两侧用户，通过创建多边平台、安排治理规则、施展平台领导，在推动多边用户相互满足和利益实现的同时，政府巧妙地履行着公共就业培训服务的职责。

政府购买就业培训服务是政府供给公共就业培训服务的重要方式，实现多元合作治理是其核心要义。如果始终固守自上而下和下级服从上级的官僚制管控和封闭思路，便无法提高就业培训服务绩效的同时，更无法回应当下公共就业培训的重大任务。多边平台战略是政府什么都要管的“解毒剂”，是一种撬动多方资源、能力和权责的“杠杆”，是公共品多元供给、公共事务合作共治的重要法宝，它有利于公共服务和公共治理走向协同。同时，应用多边平台战略所建构的公共就业培训服务平台不应只关注培训服务绩效的提高，培训之后劳动者与就业市场的匹配业务也可搭载该平台，这能极大地提高就业培训服务平台对劳动者参加培训的吸引力和黏性，而培训服务平台的扩大也会正向回馈就业市场，推动建构从培训到就业的良性循环机制，紧跟经济社会所需，不断提高和更新劳动者素质，助力我国实现充分且高质量的就业。

第三节　多边平台创建与平台型治理：地方公共卫生应急体系优化的对策

2020 年，新冠肺炎疫情已上升为全球性公共卫生危机，并成为全球治理的对象和问题。这场疫情的发生、发展乃至对世界经济的影响都使得身处在疫情中的各国政府，特别是努力探索现代治理体系和治理能力的中国各级政府有必要考量和反思现代公共卫生应急体系的健全性、合理性和有效性，从而推动公共卫生应急体系的健全、治理模式的完善与治理能力现代化的提升。本节以地方政府优化公共卫生应急体系为研究对象，借助多边平台理论及治理实践经验，力图构建一个基于多边平台的公共卫生平台型治理模式，以期实现地方公共卫生应急体系的优化。

一、平台型治理：一种推进社会治理的新范式

当下的时代是平台革命的时代，平台革命对包括医疗卫生、政府治理在内的各行各业产生了颠覆性影响[①]。在互联网等信息

---

① Sangeet Paul Choudary, Marshall W. Van Alstyne, Geoffrey G. Parker. Platform Revolution[M]. New York: W. W. Norton & Company, 2016: 16.

技术的助推下，多边平台模式及其革命以席卷全球之势表现出广泛的覆盖性、深远的冲击力和治理的新范式。随着平台革命的推进和平台时代的到来，多边平台日益渗入社会治理领域，平台型社会已然来临①，平台型治理已成为一种社会治理新范式②。越来越多的政府部门和社会组织正通过创建或连接多边平台来提供公共服务并促进合作共治。在现实中，公共服务多元供给和协作创新要付诸实践，网络协同治理要落地生根，必然要借助多边平台的互动结构与治理模式。

多边平台是一种经济社会现象，仅社交平台就汇聚了十分活跃的全国大多数人口，更不要说互联网平台、电信平台。那些发展得最快、最好的组织几乎都选择多边平台模式，其中包括公共组织。即便是传统的制造业、零售业、地产业和政府公共服务中心、社会组织，也在纷纷向多边平台模式转型。如此四通八达、神通广大的多边平台本应该成为公共卫生应急的支撑体系与治理结构，从而发挥出更大的威力和效能。而且，公共卫生事件往往具有种类多样性、诱因多元性、分布差异性、传播广泛性、危害复杂性甚至具有频发性、突发性等特征，因而公共卫生应急治理也必然呈现出综合性、动态性、复杂性与多元主体参与性等样态。因此，政府领导下的多元相关利益主体的参与和互动合作是公共卫生应急治理的必然出路。于是，如何为多元主体的参与共治和互动合作提供空间、渠道和机制以优化公共卫生应急体系是政府相关部门要考虑的重要问题。

---

① Nash V，Bright J，Margetts H，etal. Public Policy in the Platform Society[J]. Policy & Internet，2017，9(4)：368-373.

② Janowski T，Elsa Estevez，Baguma R. Platform Governance for Sustainable Development：Reshaping Citizen-administration Relationships in the Digital Age[J]. Government Information Quarterly，2018，35(4)：1-16.

二、多边平台模式及其助推公共卫生应急体系优化的机理

公共卫生应急治理的综合性、动态性、复杂性与广泛参与性与合作型等特征和要求必然要借助于多边平台的互动结构、价值创造机理与治理模式。因此，公共卫生应急体系不应仅仅是政府单方的应急管理平台，更应该是多元参与、合作共治的多边平台。在疫情过去之后，提升公共卫生治理效能的重要策略是利用多边平台模式及其价值创造机理，发挥多边平台的功能优势和平台型治理的比较优势，助推地方公共卫生应急体系的优化。

（一）多边平台模式及其价值创造机理

多边平台是在治权开放的基础上实现群体间直接互动合作的支撑体系[①]，通过连接并推动多类用户群体间的互动而创造价值[②]，其实质是把多类用户连接起来的互动结构[③]。多边公共平台不同于政府的公共品单边生产平台（如市民服务中心）或纯粹的网络平台、电子政府，其核心识别标准是公共治权的开放及其基础上的多边用户间的直接互动共治。平台型治理，简言之是以多边公共平台为基础的治理模式和价值创造机理。更进一步地说，平台型治理依据生态系统论和价值网络思想，在公共治权开放的基础上，利用多边平台的空间载体、基础设施、共享资源和治理规则，通过连接多元利益群体、整合供给侧资源、促进供需

---

① 刘家明. 多边公共平台的运作机理与管理策略[J]. 理论探索, 2020(1): 98-105.

② Andrei Hagiu, Julian Wright. Multi-sided Platforms[J]. International Journal of Industrial Organization, 2015(43): 162-174.

③ [美]戴维·S. 埃文斯, 理查德·施马兰奇. 连接: 多边平台经济学[M]. 北京: 中信出版社, 2018: 35.

匹配与互动合作，来创造公共价值[①]。因此，平台型治理既不是政府单方的生产经营行为或管理控制方式，也不是基于信息平台的单纯技术理性行为。其实质是开放合作的治理模式与公共品多元供给的策略，核心思想是开放、互动和共治。

多边平台模式的基本原理在于把两类或更多类型的用户群体连接起来形成利益共同体，帮助他们找到彼此，继而互动、共享或交换价值，即从“连接在一起”中获益并创造各种价值。多边平台模式创造了具有共同利益的用户共同体，他们通过彼此互动而收益，各类行为主体皆从共同体中收益。多边平台的运作模式具有如下特征：第一，把多种不同类型的用户连接在一起，然后直接互动、相互满足从而创造价值，多边用户相互依赖、互相影响、相互促进、相得益彰；第二，多边平台为用户群体的连接和价值交易提供一系列的服务以降低交易成本，这些服务包括促进供需匹配、促进互动合作与互惠互利的实现；第三，平台主办方通过选择一系列价值创造工具与操作路径来促进交互并创造价值，从而发挥自身的领导力[②]。多边平台模式运作的前提是找到相互依赖的用户群体，使参与互惠合作的用户群体找到合作对象，实现供需匹配、互动互惠，而高质量的匹配需要一定的用户基数和选择权力、互动和反馈。

多边平台模式之所以能够创造价值，根源于多边平台的结构特征及优良属性和平台运行过程中体现出来的水平思维、战略优势。多边平台具有开放共享、平坦通畅、资源整合、可复使用等特征及其优势，自身结构便于互联互通、动态演化，在运行模式上体现出用户群体间网络效应的核心特征以及用户行为的协同

---

① 刘家明. 平台型治理：内涵、缘由及价值析论[J]. 理论导刊，2018(8)：22-26.

② David S. Evans. Governing Bad Behavior by Users of Multi-sided Platforms[J]. Berkeley Technology Law Journal, 2012(27): 1214-1219.

性、价格的非对称性与价值的分配性等特征，可以支持平台上的产品多样性与创新性、规模经济性与范围经济性等经济特点[①]。多边平台模式是基于价值网络的运行模式，体现了水平的战略思维及其合作共治的战略模式，这种战略模式具有广阔的价值创造空间。

多边平台模式创造价值的基本方式和路径可以概况为以下几种：一是通过公共治理权力、公共品生产经营权力的开放和授予，实现平台用户群体之间的直接互动，从而减少多层代理成本和委托代理问题——信息不对称、目标不一致造成的机会主义行为；二是平台连接多边用户群体，这些群体相互依赖、互相影响、互动互利，不仅形成了合作共治的生态系统与价值网络，最重要的是形成了利益共同体，在共同体中构建了合作共治的支撑体系；三是平台向其他用户开放互补产品、互补服务的生产运作权，并为这些产品开发者提供配套的服务，激发了公共服务创新，增加了产品多样性；四是平台支撑体系的基本功能是降低相关利益方合作互动的交易成本，把公共品生产者和互补服务提供者聚集在平台上，不仅产生了供给方规模经济，而用户之间的正外部性产生了需要方规模经济；五是通过倾斜定价、免费或补贴等价格工具来分配利益，不仅具有利益平衡的作用，而且公平合理的价值分配能够促进合作，增强用户群体间的网络效应，从而激发公共价值创造活力；六是通过平台主办方领导的生态系统治理、规则制定、平台管制，确立了相关利益方互动合作的制度规范，减少了机会主义行为，提高了多边用户互动合作的质量。

综上所述，多边平台模式凭借多边平台的优良属性与水平思维，以治权开放、多元用户群体相互依赖及其供需匹配、用户临

---

① CarlissY. Baldwin, C. Jason Woodard. The Architecture of Platform: A Unified View [R]. Working Paper, Harvard University, 2008.

界规模为前提条件，基于共享的平台空间与基础设施、制度规则、不对称定价、促进交互与处理数据的支撑技术、一揽子服务等价值创造工具，通过开放共享、合作共治、网络效应、价值分配与平台管制等基本路径，创造了民主公平与用户主权的社会价值、成本节约与创新柔性等经济价值和互利共赢、和谐稳定的秩序价值。多边平台运行模式及其价值创造机理见图 3-2。总之，多边平台模式可以通过提供有效的治理系统来为生态共同体创造各种价值。

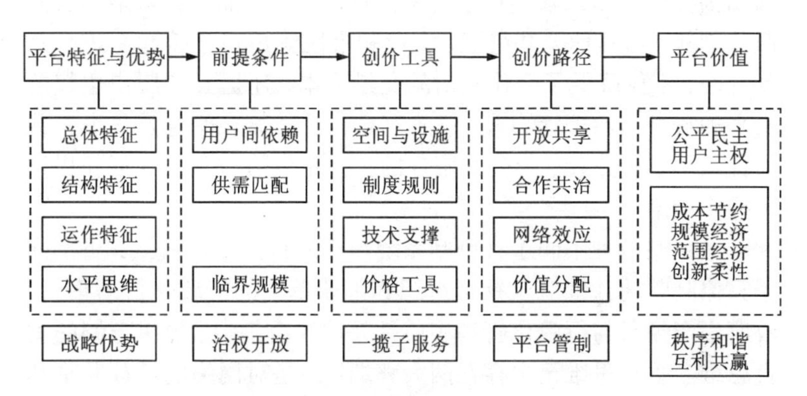

图 3-2 多边平台运作模式与价值创造机理

(二)多边平台的功能与平台型治理的比较优势

多边平台以其强大的连接与覆盖功能、整合供给侧资源、促进互动合作与协作创新、降低交易成本等功能得到了各国政府的重视。平台型治理的优势源自多边平台的运作模式和结构特征，根源于平台的水平思维优势。平台型治理把相关主体连接聚集在平台上，形成价值网络和利益共同体，通过平台规则和网络效应实现利益群体之间的彼此吸引、权利和责任的相互依赖、价值和利益的互相促进，调动了多元主体合作共治的积极性，有利于推动公共品的多元供给和公共服务的协作创新。平台型治理不仅撬动了各方资源、整合了各方能力，实现了生态系统内成员间的资源与能力的连接共享；而且通过治理规则、网络效应、供求匹配、赋权释能、平台服务、不对称定价等工具配置资源与分配权益，在促进这些群体互动合作、相互满足和权益实现的同时，政府等平台主办方巧妙履行着公共品供给与治理的职责。因此，平台型治理为公共事务合作共治提供了操作框架和工具体系。政府可以借助多边平台模式来实现平台型治理，引入外部力量来推动公共服务创新，与其他公共组织、企业和市民等用户连接起来进行互动合作，不仅降低了合作共治的交易成本，还提升了用户主权的水平和自身的治理能力[①]。总而言之，平台型治理为公共事务共治提供了实施路径，为公共服务的多元化供给与开放式创新提供了操作指南。

平台型治理不同于官僚制系统内部的自主生产模式，更不同于官僚制驱动并推广至社会组织和事业单位的行政化管理模式。政府生产经营与行政化管理实质是一种权力集中、等级节制的垂直思维。垂直思维至少存在两大弊端：一是对网络的开放共享和多向的互动合作缺乏正确理解；二是缺少相互的尊重和信任[②]。垂直思维指导下的政府生产经营或行政化管理，只能是不平等的、自上而下的管控性治理，结果只能是权力本位、唯上是从的官僚政治和僵化低效、反应迟钝的公共应急体系。而平台型治理模式遵循的是平等交互的水平思维。水平性思维是从最终结果与产出效应出发，为了达成这种目标而把整个网络中不同的节点进

---

① Marijn Janssen, Elsa Estevez. Lean Government and Platform-based Governance—Doing More with Less[J]. Government Information Quarterly, 2013(30): 1-8.

② [美]马歇尔·范阿尔斯丁，杰弗里·帕克，桑杰特·保罗·乔达利. 平台时代战略新规则[J]. 哈佛商业评论，2016(4): 63.

行水平的连接，这必然引向平等互动与合作共治；而垂直性思考经常要求我们从问谁控制着什么系统开始，容易引向权力和利益之争[①]。平台型治理及其平台思维是政府什么都要详加规定的“解毒剂”[②]。因此可以说，平台型治理是对政府生产经营模式与行政化管理的颠覆与部分替代。

（三）多边平台模式助推公共卫生应急体系优化的机理

一个健全规范、运转高效的公共卫生应急体系，应该具备几项基本特征：一是良好的回应性与互动性，能够快速响应应急治理需求和支撑多元主体的互动合作；二是平坦性与透明性，方便相关主体便捷、高效、顺畅地进入和使用，且能够根据透明、及时、全面的资讯来应对公共卫生事件；三是对相关利益主体的开放性吸纳以及开放基础上的多元创新和生态性治理；四是对资源的良好连接性与整合性，且能够基于资源、能力的整合支撑应急行动的协同性；五是应急体系应该具备一定的监督功能，以此激发相关主体负责任的行为。这些特征就是建设公共卫生应急体系的基本方向和切入维度。作为操作性很强的治理模式，多边平台模式能够有效地助推公共卫生应急体系建设的上述维度。

1. 促进回应性与互动性的机理

多边平台模式的基本原理是把多种不同类型的用户连接在一起，并使其直接开展各种互动、共享或交换价值从而创造价值。其治理精髓在于让用户群体之间相互吸引、相互促进、相得益彰、相互满足，形成合作共治的生态系统与价值网络，以促进高质量的匹配与交互。首先，平台赋予了相关利益主体参与公共卫

---

① ［美］托马斯·弗里德曼. 世界是平的［M］. 何帆，等译. 长沙：湖南科学技术出版社，2008：158-159.

② Tim O'Reilly. Government as a Platform［J］. Innovations，2010，6(1)：13-40.

生事件的治理权力，诸如疫情爆料、知情权、决策权、监督权、反馈权等权力，推动多元主体之间的互动合作。其次，平台通过话语权的管理提升用户主权的水平，借以提高他们的参与度、互动性和回应性。最后，通过平台主办方的领导、规则制定与监督管理，确立相关利益方互动合作的制度规范，减少机会主义行为，提高互动合作的质量。总之，多边平台模式促进平台用户回应与互动的机理为公共卫生应急体系的平台化转型指出了逻辑方向。

2. 推动平坦化与透明化的机理

多边平台具有优良结构和良好属性——可复使用性、动态演化性、平坦通畅性、信息透明性、多边开放性与交互性。第一，多边平台的进入和运作流程是平坦通畅的，具备高效性、便捷性、顺畅性、信息化等特征，能够提升公共危机的回应水平与响应速度。第二，多边平台广泛地应用互联网、物联网、云计算、大数据等信息技术，通过信息技术的集成与一体化运作来支撑多元主体的互动反馈、协商对话与应急处理。第三，多边平台的透明化运作，充分利用了网络的综合功能，及时披露数据，通过信息化与透明化提高平台的开放共享性和流程通畅性。总之，多边平台模式的平坦化与透明化的运行机理，能够助推公共卫生应急平台的平坦化与透明化。

3. 推进生态性与创新性的机理

从行政生态学的视角来看，多边公共平台是由公共部门连接利益相关者并创建价值网络，而形成的开放共享、互动合作、互利共赢的生态系统。平台上的创新行为是基于平台空间载体、运行模式及供给侧创新资源的共享与能力的整合，利用创新生态系统中关联组织组建一个开放的合作网络，实现基于价值网络的协同创新[①]。多边平台把多元用户群体聚合在一起，在供给侧整合了创新资源与能力的同时还为互补品开发者提供配套的服务，不仅激发了互补品创新，增加了互补品多样性和产品的完整性，而且节约了创新的成本。平台向外部用户开放了互补性产品、服务与技术的开发权，实现了创新主体之间的直接互动与合作创新。最后，多边用户之间的彼此依赖、相互吸引、相得益彰有助于实现协作创新，尤其是补足品开发者之间的良性竞争推动着补足品多样性、创新性的实现。因此，多边平台模式推进生态性治理与协作创新的价值创造机理为公共卫生应急体系吸纳广泛的利益相关者参与治理与治理创新提供了实践逻辑。

4. 提高整合性与协同性的机理

以多边平台为中心的治理模式强调网络连接及其整合价值，而不是单方的产品生产价值[②]。多边平台本身就是把多类用户群体联系起来形成一个完整的价值网络，并建立有助于促进互动的基础架构和规则[③]。平台型治理模式意味着公共部门价值链向多元主体合作共治的价值网络转型：由单边到多边、单中心到网络、垂直到水平、封闭到开放。价值网络的思想意味着公共部门的核心治理能力是整合资源、激发网络效应的协同能力。协同是整个生态系统功能优化组合、资源集成共享和行动协调配合的价值增值过程，具有动态性及综合柔性、渐进性和多样性等特征，其核心对象是各主体所具有的核心能力。以价值网络为基础的平台型治理追求合作共赢和生态系统总体价值最大化，通过多主体的资源整合、能力协同和交互作用，以整体效能最优为目标。因

---

① 刘家明，柳发根．平台型创新：概念、机理与挑战应对[J]．中国流通经济，2019(10)：51-58.

② Hearn G，Pace C．Value-creating Ecologies：Understanding Next Generation Business Systems[J]．Foresight，2006，8(1)：55-65.

③ 张小宁．平台战略研究述评及展望[J]．经济管理，2014(3)：190-199.

此，平台型治理有助于提升公共卫生应急体系的整合性与协同性。

5. 提升监督力与责任性的机理

多边平台上的监督评估具有第四代评估的性质：评估是一个带有社会政治色彩的互动合作和共享责任的过程，赋予利益相关者以能力和权力，使利益相关者在政治和理念上享有充分的平等，共同建构评估的信息、过程、结果及后续行为[①]。因此，多边平台的监督评估是基于平等互动、致力于绩效改进的合作行为和责任履行过程。互动质量管理是平台主办方的责任，主办方往往通过构筑用户过滤机制净化平台生态圈的环境，即用户身份鉴定、识别机制，避免平台声誉、平台公权力的毁损；还可以通过诚信评价机制、信用联网机制、竞争机制来改进互动质量。除了平台主办方对多边用户群体互动的监督评价，主办方还将监督评估权开放给用户群体，推动多边群体之间的相互监督，互相评价彼此的表现、质量与诚信[②]。这样，不仅使得多边用户群体拥有了监督评价和话语权，而且彼此间的监督成本低廉，能够有效地减少监督的信息不完全等问题，而且还能有效地实现供求匹配和群体间的相互依赖，有助于改进平台生态系统成员的监督力，推动公共卫生应急治理责任的履行。

三、地方公共卫生应急平台建设与平台型治理的对策

基于以上学理分析和演绎推理，我们认为优化公共卫生应急体系的策略方向是把该体系创建为多边平台，推行平台型治理。因此，建议开放公共卫生治理的相关治权并向相关利益主体赋权

---

① [美]埃贡·G. 古贝，伊冯娜·S. 林肯. 第四代评估[M]. 秦霖，等译. 北京：中国人民大学出版社，2008：186-192.

② David S. Evans. Governing Bad Behavior by Users of Multi-sided Platforms[J]. Berkeley Technology Law Journal，2012(27)：1203-1213.

释能，优化公共卫生平台的运行管理环境，推动平台间的互联互通、动态演化与四通八达，促进平台上内外部用户的交互行为、共享共建与合作共治。

(一)公共卫生应急平台的结构设计

多边公共平台的创建是把多边用户群体、价值关卡连接起来组建平台价值网络，以实现共建共享和互动共治的过程。其实质是平台各个要素供给和整合的过程。这些要素主要包括平台空间载体、基础设施、运行环境(外部支撑环境、网络技术环境、内部管理与服务环境)、价值网络建设及其连接(内外部用户及其资源能力的整合)、模块结构、连接界面或通道、平台规则。通过对J省卫生健康委员会及官网的初步调研分析，我们提出如下意见。

在空间载体与基础设施建设方面，需要明确平台是什么、在哪里以及运行的基础与环境，多边应急平台应以省卫生健康委员会为组织依托，平台体以省卫生健康委员会官网为空间载体，基于既有空间载体与基础设施推动平台空间、资源和用户的开放与拓展，同时强化平台体运行的外部支撑环境、网络技术环境、内部管理与服务环境的建设。

在平台价值网络建设及其连接方面，需要明确平台谁来用、谁是有优势能力和资源的利益相关者、谁和谁互动合作来创造价值以及相关主体的权责。一方面，要设置专业的平台内部管理员，负责平台的技术支撑与信息资源管理、推广宣传及对外部用户的服务管理，并明确其分工协作安排与权责义务。另一方面，拟定外部利益相关者及其网络互动关系、相关权责以及进驻平台的方案。应急多边平台必须至少引入应急智库专家、相关社会组织(如慈善组织、环保组组与志愿组织等)、相关社会媒体、相关政府部门(如检疫检测部门、安监局、环境保护委员会、工商监督局等)、相关企业(如电信公司、环境监测公司、社交网络公司)、相关事业组织（如医疗卫生机构等）和大众的参与。

在模块结构与流程设计方面，优化改进公众参与界面的设置（原有界面一般仅有热线电话和电子邮箱），建议设置以内外部用户参与共治为中心并结合应急治理流程的矩阵式结构。这样既方便不同用户的平台使用操作，又方便用户的参与治理。同时改进公众参与模块，要设置若干子模块："我要报料疫情"、"我要了解疫情"（疫情动态、疫情常识、防疫知识、疫情治理的相关法律法规和政策）、"我要监督疫情"（投诉举报、疫情进展跟踪、提案跟踪、建议回馈、咨询答复等，并设置监督便捷渠道）、"我要学习疫情治理"、"我要参与疫情治理"（对策建议、志愿者、捐赠……）。与此类似，分别设置企业、政府部门、社会组织、事业组织各自参与的模块，并按照疫情治理流程或关键环节划分子模块。重要的是，还要设计好各模块的运行流程、互动方式和优化便捷的接口与界面，并提供各种互动渠道和服务支撑。

在平台规则设计方面，一方面要设计平台治理规则（面向外部用户）和平台内部管理方法（面向内部的管理服务人员），明确各自的权力与责任，设计平台的开放合作机制、用户过滤甄别与参与权限管理机制、服务接入与响应机制、评价监督机制、信息资源管理机制、财政补贴机制等。另一方面，省政府应修订完善原在非典后颁布发行的《突发公共卫生事件应急办法》，与时俱进地出台能够推进平台合作治理、调动相关主体参与治理、"互联网+"与大数据治理的相关政策、保障机制和方法措施。

（二）公共卫生应急平台的创建方式

创建平台是组织最高层的重任①。因此，卫生应急平台应由

---

① Howard Rubenstein. The Platform-driven Organization [J]. Handbook of Business Strategy, 2005, 6(1): 189-192.

省政府主管、牵头并统筹推进。省政府除了组织修订最高规则《突发公共卫生事件应急办法》，还应行使作为平台主管方的监管权力。省卫生健康委员会是理所当然的平台主办方(负责平台内部治理规则的安排与外部用户的吸引与连接)，省卫生健康委员会下辖的应急管理办公室为平台承办方，负责平台创建、运行管理的具体事务。明确创建主体及权责后，就需要论证平台建设的使命、功能、业务范围和生态边界，确定平台的内外部用户类型、用户间的互动关系，规划平台的价值网络、运行模式与价值创造模式。卫生应急平台创建时就要保障平台结构和规则的开放性、主体间的互动性，以推动实现相关多元主体的共建、共享与共治。

最简单实用的平台创建方法是采取平台网络延展模式。即在已有平台体及其结构的基础上，通过平台的寄生、裂变、聚合等演化方式或母子平台关系，孕育、催生独立或逐渐独立的平台；或在其他平台的帮扶下，依赖平台间的联盟关系、主从关系、共生关系、互补关系，衍生、嫁接出新的平台。因此我们认为，多边应急平台应该创建在省卫生健康委员会的官网上，并将“卫生应急平台”作为官网的常设栏目并以凸显的方式置于醒目位置。同时，最重要的是，将平台的疫情报料与处置中心实行四级公共卫生应急体系联网，即省、市、县和乡镇卫生所四级卫生应急体系互联互通与信息共享。四级平台的互联共通与相互监督不仅能够大大降低疫情反映与报料的成本，还能提高疫情监控的概率、覆盖面和应急反应速度，而且可以大大降低疫情瞒报、漏报、迟报和疫情治理不作为、滥作为的风险。

(三)公共卫生应急平台的运行管理环境建设

平台的运行管理是平台生态系统合作治理的基础，其关键是运行管理环境的建设，主要包括平台用户管理、平台信息管理、平台推广宣传、平台间的互联互通等方面。

第一，平台用户管理。包括内外部用户的身份与权限管理，尤其是外部用户的吸引吸纳、进驻方案与对接管理，用户响应机制与互动管理，用户关系管理与用户间的关系网络管理，用户的监督评价。要确保管理服务员、技术服务员、疫情业务员等内部用户的分工协作以及与各类外部用户的互动响应与服务对接。

第二，平台信息管理。首先要确保平台的透明化运作，充分利用互联网络的综合功能，及时披露数据，通过信息化与透明化提高平台开放共享性和流程通畅性，并通过信息技术支持平台用户的参与互动、协商对话。其次是对信息资源进行开发管理，通过网络技术集成卫生应急体系，支撑卫生应急平台的一体化运作。最后是提升数据监控、数据挖掘与数据分析的技术能力，要将之应用于疫情治理各阶段和各环节。

第三，平台推广宣传。平台要建设在人流汇聚之处，还要确保更多的利益相关者能够更多地关注支持、进驻平台并参与治理。因此，平台选址和推广宣传至关重要，尤其是要通过政府营销、社会营销等途径加强对公共卫生应急平台的使命和品牌的宣传。这里有三条建议：首先，使省卫生应急平台能够广泛支持手机终端，支持短信、邮件、搜索引擎、超链接、App 等接入方式，使公众从互联网平台就能获取平台服务或参与平台治理。其次，将卫生应急平台推广至省内各县(区)医疗卫生机构、检验检疫部门、各类学校。最后，具体的推广方式可以通过创建公共卫生应急平台 App、“卫生健康共同体”公众号，在上述各类终端、渠道和场所推广宣传，以人性化和友好便捷的方式开展推广宣传。

第四，平台间的互联互通。在平台建设时应前瞻性地推进不同平台之间的对接、兼容和互联互通，建设多环状平台网络体系。因此平台承办方应有意识地保持与其他平台在技术标准、制度规则等方面的统一性，主动设立能够与其他平台对接的接口和链接，授权其他平台或取得平台之间互访问、互链接的授权，实现平台之间在信息、用户资源、技术等方面的互通共享，并确保平台互通流程的无缝对接、体制机制的衔接、相关服务的一体化。具体建议：实现省卫生应急平台与国家卫生应急平台、周边省市的卫生应急平台的互联互通；实现省卫生应急平台与相关领域的危机治理平台，如环境治理云平台等的互联互通；实现省卫生应急平台与信息通讯平台、新旧媒体平台的对接互通，如电信平台、相关物联网平台、社交网络、有线电视平台、本地互联网媒体等。

（四）平台开放与赋权释能

平台型治理需要两个前提：其一是平台治权和资源的开放共享；其二是相关主体动能的激发。因此平台结构与规则的开放以及治权开放基础上的赋权释能，是平台建设要思考的基本问题。平台的开放包括平台结构和规则的开放，不仅意味着平台空间与基础设施的开放、相关数据及信息渠道的开放，而且还需要平台建设、运作管理、生态治理规则的开放。因为平台不是控制的结构，也不是干预的机制，而是多元主体互动合作的模式。平台治权的开放主要包括应急产品及服务的开发与供给权利的开放，成员参与平台疫情治理的相关知情权、话语权、决策权以及沟通协商、监督评价等治权的开放。其中重点是公共卫生应急治理、相关服务的开发运作权、用户间的直接交互权以及监督评价等治理权力的开放。

赋权释能是平台组织发展与平台治理的动力①。政府作为平台主办方，可以向社会和市场主体开放公共资源使用权、公共品生产经营权及公共事务治理参与权，并提供促进交互的基础设

---

① 穆胜. 释放潜能：平台型组织的进化路线图[M]. 北京：人民邮电出版社，2018：71.

施、工具体系和一揽子服务，从而推动公共品的多元供给与合作共治。因此，公共卫生应急平台不仅能够提高政府的影响力和权威，还可以提高相关用户的主权水平和合作治理质量。对公民来说，平台赋予了他们意见表达和参与治理的机会、渠道[①]。平台通过赋权释能与资源整合，撬动了各方的资源和能力。因此，一方面，省卫生应急平台应向管理服务员、技术服务员、疫情业务员等内部用户授权，使他们能够快速灵活地响应外部用户的互动和卫生疫情的治理需求，而不必层层上报、层层请示、层层审批与被动等待。另一方面，平台应向外部用户开放相关治权，同时赋予他们参与治理所需的管理服务、信息资源、技术支撑和便捷的参与渠道、治理路径与治理工具。

（五）政府平台领导的策略

政府平台领导的使命在于维护平台生态系统的健康和秩序，实现基于平台的合作共治，其实质是政府对平台建设的主导、对平台型治理的掌舵、对平台价值网络的支持。省卫生健康委员会作为平台主办方和平台领导，是平台创建者、治权授予者、规则安排者、用户召集者，它可以通过整合资源、匹配供求、促进交互，在推动多边用户互动合作的同时履行公共卫生治理的职责。

1. 通过外部联络施展影响

作为平台主办者的政府对平台建设及平台治理的绩效负有终极责任，因此最有权力和资格来代言整个平台并负责平台的对外联络。平台主办方代言的外部联络有四项任务：其一，从外部（包括更高层级的政府）为平台寻求更多的资源和争取更多的支持力量。其二，向外部传递平台及其治理的重要信息，让外界更

① Marijn Janssen, Elsa Estevez. Lean Government and Platform-based Governance[J]. Government Information Quarterly, 2013(30): 1-8.

多地了解、参与和支持平台型治理，维护平台的形象，提高平台的参与度、用户满意度和社会影响力。其三，利用平台间的网络关系，推进不同平台之间的对接、兼容和互联互通，建设大平台体系，避免成为孤岛型平台。其四，把社会媒体、网民等外部监督者转变为合作伙伴关系，让外部监督者参与卫生应急治理与监督评估，并为他们提供相关信息和监督的便利条件。

2. 通过平台价值创造工具施展影响

平台价值创造工具或策略集合包括为不同用户提供的互动空间和基础设施，提供的一整套产品或一揽子服务，不对称价格机制，开放治理规则并管制参与者行为[①]。例如，成立公共卫生应急项目基金，或必要时通过变换补贴的对象和力度来激发网络效应，并影响相关群体的行为。公共基础设施和资金的供给往往意味着政府平台领导可行使相关产权来施加影响；通过柔性化、多样化的服务来提高用户满意度是提高用户黏性的基本方式；通过包括补贴、免费在内的不对称价格结构来激发用户之间网络效应与平衡用户群体间利益，施展平台领导的资源调控和利益平衡能力。作为平台领导，政府对用户群体的利益分配规则和价值观的引导非常重要，可以从根本上决定平台用户的行为。

3. 平台管制与用户参与监督

平台管制是指政府作为平台主办者对平台运行规范和不良行为的监督规制，是平台主办方施加影响力、领导平台治理的一项基本职能。平台管制主要是规范与标准的制定及对负外部性行为的治理，从过程来看主要包括用户行为和平台运行过程的规制。平台主办应该科学选择平台访问者并规定访问者的权限，还必须留意平台上的互动、参与者的进驻情况和绩效指标，做到能够监

① David S. Evans. Governing Bad Behavior by Users of Multi-sided Platforms [J]. Berkeley Technology Law Journal, 2012(27): 1203-1213.

控并加强平台互动[①]。平台主办方还可推进外部用户和社会的监督：一是在完善指标体系、权责机制和信息公开的基础上，设置信息查询、追溯、反馈、评价等信息监督机制。二是社会问责，以直接或间接的方式来推进社会大众、第三方中介机构、传统媒体、互联网络的监督与问责。三是推动多边用户群体之间的相互监督，互相评价彼此的表现、质量与诚信状况，这是最有效的监督评价策略[②]。作为核心利益相关者的多边用户不仅有动机而且有便利条件参与监督。多边用户参与治理与彼此监督评价对提高交互质量、促进良性互动、矫正负外部性十分有益。因此，平台主办方应通过提供治理规则和治理工具赋予多边用户参与公共卫生治理的权利和能力，推动用户之间的相互评价与监督。

4. 促进交互、激发创新以提升治理效能

平台型治理模式就是把不同类型的用户连接在一起互动合作，继而交换或创造价值的一套治理思想、策略与机制。因此，要从促进多边用户间互动能力的视角推行平台型治理，把促进互动合作放在第一位[③]。为促进互动，平台型治理首先要整合与利用供给侧用户的能力和资源来实现多元供给与协作创新，将供给侧各类主体变成互补者与合作伙伴[④]。平台领导要能够管理平台的发展演化以及与生态系统成员之间的关系，重点是激励第三方

---

① [美]马歇尔·范阿尔斯丁，杰弗里·帕克，桑杰特·保罗·乔达利. 平台时代战略新规则[J]. 哈佛商业评论，2016(4)：59-63.

② [美]安德烈·哈丘，西蒙·罗斯曼. 规避网络市场陷阱[J]. 哈佛商业评论，2016(4)：65-71.

③ Sangeet Paul Choudary. Platform Scale：How An Emerging Business Model Helps Startups Build Large Empires with Minimum Investment[R]. Platform Thinking Labs, 2015.

④ [美]迈克尔·A. 库斯玛诺. 耐力制胜[M]. 万江平，等译. 北京：科学出版社，2013：228.

的互补品创新[1]。为此，平台主办方必须激励多边用户的动机来推动公共卫生治理创新。外部用户的创新是多元的、无边界的、源源不断的，但需要平台领导的吸引、激励与诱导。平台主办方激励多边用户创新，不仅要保障他们的权益实现，还要通过治理规则安排、促进交互并监控交互，确立相关利益方互动合作的制度规范，以此提高互动合作质量和治理效能。因此，合理选择公共卫生应急治理体系的社会参与者，并促进交互、激发创新是推进公共卫生治理体系与治理能力现代化的根本途径。

---

① Gawer Annabelle and M. Cusumano. How Companies become Platform Leaders[J]. MIT Sloan Management Review, 2008, 49(2): 27-35.

第四章
社会的平台型创新与平台型创业

【本章摘要】

在平台时代，旗帜鲜明地提出平台型创新与平台型创业模式，不仅丰富了平台型治理的内涵，而且对于转换“双创”模式、提升“双创”效果意义重大。平台型创新不同于组织自主创新，而是基于多边平台空间、规则及价值网络的多元主体协同创新，表现为各类补足品的开发。平台型创新以网络效应为运作机理，以平台价值创造模式为实现机制。本章阐述了平台型创新的基本原理，构建了平台型创新的价值网络及价值创造关卡模型和网络效应推动平台型创新的作用机理。最后，针对创建多边平台、激发创新动力及实现利益均衡、应对平台失灵的挑战，提出了搭建创新生态系统、强化平台服务、合作治理平台风险等建议。

传统的创业模式对创业者自身资源和渠道的依赖性太强，缺乏创业生态与价值网络的支撑，因而投入成本大、商业机会少、保障能力弱、失败率居高不下。在平台经济时代，平台型创业是大势所趋，优势显著。平台型创业的运行模式分为企业平台型创业与大众平台型创业，前者以多主体嵌入平台型创业为主，后者分为四种方式：市场型平台创业、园区型平台创业、社区型平台创业、网络型平台创业。平台型创业者利用多边平台的空间载体、网络资源与价值创造机制，通过寻找平台创业空间、填补价值网络缺口、借用平台力量、设置价值创造关卡，对自己提供的平台补足品拥有经营控制权而享有剩余控制权。创业孵化机构和政府相关部门应该供给创业平台、培育创业生态，优化平台治理、改进平台服务；平台所有者要懂得开放合作与放权让利；创业者要提升创业能力，管控创业风险。

第一节　平台型创新：概念、机理与挑战应对①

一、问题的提出

创新与创业是推动社会进步与经济发展的不竭动力，创新转型、创业驱动已成为社会的广泛共识。2015 年，李克强总理在中关村创业大街考察时指出，要为万众创新、大众创业清障搭台。至此，为创新创业搭台已成为政界、学界、产业界的共同呼声。因此，推动基于平台的创新与创业，连接“双创”生态、转换“双创”方式、布局“双创”空间、提供“双创”载体、打通“双创”渠道、设计“双创”规则，是“双创”模式转换的需要。

（一）时代背景

随着世界平坦化和全球化 3.0 时代的到来，平台能够使全球任何地方的个体和组织，在生产、生活以及创新等领域开展合作，“每种合作方式要么是由平台直接造就，要么在它的推动下得到强化”。财富和权力会越来越多地聚集到那些成功建设平台

① 本节来源于刘家明，柳发根. 平台型创新：概念、机理与挑战应对[J]. 中国流通经济，2019(10)：51-58.

或在平台上开展创新工作的主体那里。[①]

在信息时代网络社会，信息通信技术，尤其是互联网技术使平台大放异彩：覆盖面更加广泛、功能更加强大、价值更加显著，为平台型治理与平台型创新创业创造了前所未有的契机。网络社会促使人们开展广泛的互动合作，为大众创新、万众创业奠定了社会基础。

创新2.0与政府2.0均强调多元参与、互动合作和开放创新的平台架构。因此，创新2.0本身就是基于平台架构的开放式合作创新。政府2.0是一个整体、开放的平台，是政府、市场及社会共同参与、联络互动、协同整合的平台。创新2.0与政府2.0时代及其平台模式必然延伸推广到治理与创新领域。

平台经济带动了全球经济十余年的快速增长，正在成为“席卷全球的商业模式革命”，但从创造性破坏的角度来看，平台经济模式不是产业链和价值链基础上的创新，而是其破坏与重塑，是以平台价值网络为核心，围绕着平台并服务于平台的“圈环形产业链”[②]。平台经济的崛起和平台模式的兴盛对合作共治、协同创新具有重要借鉴启发意义，治理、创新与创业完全可以借助平台的力量来增强效果。平台经济模式必然驱动公共治理模式的变革和产业创新模式的转型。总之，时代环境的变化决定了处于枢纽位置的平台进一步壮大。当消费偏好多元化以及技术具有不确定性时，如果平台主办者不能满足这些多元化选择，就必须吸引外部主体进驻平台来实现创新[③]。

---

① ［美］托马斯·弗里德曼．世界是平的［M］．何帆，等译．长沙：湖南科学技术出版社，2008：72，157-159.

② 陈威如，余卓轩．平台战略［M］．北京：中信出版社，2013：13-71.

③ Carliss Y. Baldwin and C. Jason Woodard. The Architecture of Platform: A Unified View. Working Paper［J］. Harvard University，2008.

(二)现实需要

我们知道，创新具有系统性、依赖性、开放性等特征，因此组织创新并不是孤立存在的，不仅对政策环境产生依存性，而且也与其他组织相互依赖。从组织创新系统到创新生态系统再到平台创新生态系统，是创新系统适应竞争环境变化的演化路径，是创新范式转换的需要。

《2014 全球创新指数报告》显示，中国国家创新体系的主要制约因素在于“生态系统性”的缺失，表现在以下方面：创新主体网络力量薄弱，多元主体难以形成合力；包括政治、法治和商业环境在内的创新制度环境相对落后，在全球的排名为 100 名开外；高等教育人力资本和研究对创新的贡献度全球排名第 115；在线创意性产出排名第 87①。相比之下，美国是世界上最富有创造力的国家，也是第一个在政策文件中提出创新生态系统战略的国家。2004 年，美国竞争力委员会首次提出创新生态系统的概念：围绕在核心企业或平台周围，通过创新来创造和利用新价值的相互联络的多元主体构成的网络系统②。这些多元主体涉及核心企业及其所有供应商、开发商、制造商、高校及科研机构、金融机构、中介机构、竞争者和顾客等主体，他们围绕创新进行协作而形成相互依赖的网络③。每个成功的平台周围通常会有一个繁荣的生态系统。平台创新生态系统以平台领导为核心，以平台

---

① Bennani, etal. The Global Innovation Index 2014[J]. Wipo Economics & Statistics, 2014, 118(10): 4303-4317.

② Council on Competitiveness Innovate America: Thriving in a world of challenge and change[R]. National innovation initiative interim report, 2004.

③ Nambisan S., Baron R. A. Entrepreneurship in Innovation Ecosystems: Entreprineurs'self Regulatory Process and Their Implication for New Venture Success [J]. Entrepreneurship Theory & Pratice, 2013(september): 1071-1096.

架构为基础，借助平台的空间与基础设施、载体与渠道、多边模式及规则，连接多元创新主体形成创新网络。平台是创新生态系统的枢纽，是生态系统成员互动创新的公共空间和支撑体系。

综上所述，平台型创新是当今时代的产物，是世界平坦化进程在创新领域的继续推进，是平台经济时代创新范式转换的需要，是平台战略在创新领域推广应用的结果，是创新 2.0 与政府 2.0 时代创新模式的必然选择。因此，也是新时代创新理论自身发展的需要。本节以多边平台经济学和战略学为理论基础，探索以多边平台为基础的平台型创新模式的基础概念、体系构成与核心特质，演绎推理平台型创新的基本原理、作用机理与运作方式并进行模型建构。

二、平台型创新的内涵

随着创新层级由封闭式自主性创新向开放式学习型创新继而向协同式生态型创新的演进，创新平台空间越来越广阔，平台的创新价值越来越显著。在当今的平台时代，无论是公共组织还是私营部门，都必须连接平台生态系统及其价值网络来实现价值创造和创新，因而平台型创新模式呼之欲出。

(一)概念界定

在平台经济学与平台战略的语境中，平台一般指双边或多边平台。Gawer（2002）[①]、Thomas Eisenmann 等人（2006）[②]、

---

① Michael A. Gawer and Michael A. Cusumano. Platform Leadership: How Intel, Microsoft and Cisco Drive industry innovation[M]. Boston: Harvard Business School Press, 2002.

② Thomas Eisenmann, Parker G, and Van Alstyne M. Strategies for two-sided markets [J]. Harvard Business Review, 2006(11): 1-10.

Boudreau 和 Hagiu(2008)[①]认为平台是把不同类型用户连接起来，是外部用户借以提供互补产品、服务和技术的基础性产品、服务或技术，以促进用户群体之间的直接互动合作。其核心特征或识别标准是合约控制权的开放、不对称定价与网络效应。其中，合约控制权的开放实质是向用户群体开放了直接互动合作、生产经营、服务开发、监督管理等权力和权利；面向不同用户的不对称定价不仅对用户群体进行了识别和区分，而且维护了用户之间的利益均衡；网络效应则把不同的用户群体紧密的“捆绑”在一起，让他们相互依赖、互相促进、相得益彰。

平台型创新(platform-based innovation)，是基于平台的空间、规则及价值网络的一种创新模式。不同于二十世纪八九十年代用于产品开发和生产工艺创新——建立在单边平台基础上的封闭的、模块化的自主创新模式，平台型创新是一种开放的多元主体互动合作的创新模式。平台型创新的精髓在于把生态系统中的多元相关主体连接到平台上来，基本功能是通过降低互动合作的交易成本来促进创新，核心功能在于基于平台价值网络而实现了协同创新。

(二)构成要素

平台型创新体系主要由平台生态圈、创新载体、客体、主体、规则构成。

全球著名平台研究专家库苏玛诺(Michael A. Cusumano, 2010)认为平台意味着开发各种创新应用的可能性，但需要通过生态圈来催生补足性产品或服务的创新。平台生态圈由平台、补足品、基于平台合作产生的直接或间接的网络效应等要素共同构

① Kevin J. Boudreau and Andrei Hagiu. Platform Rules: Multi-sided Platforms as Regulators[R]. Working Paper, Harvard University, 2008.

成，见图 4-1。平台需要努力争夺存量用户，广泛授权，并向平台生态圈成员提供充分的经济激励和活动便利，以便他们投资于相关产品及服务等补足品的创新，还需要在品牌、制造、渠道、服务能力等环节上投入，展示自己对平台的大力支持。

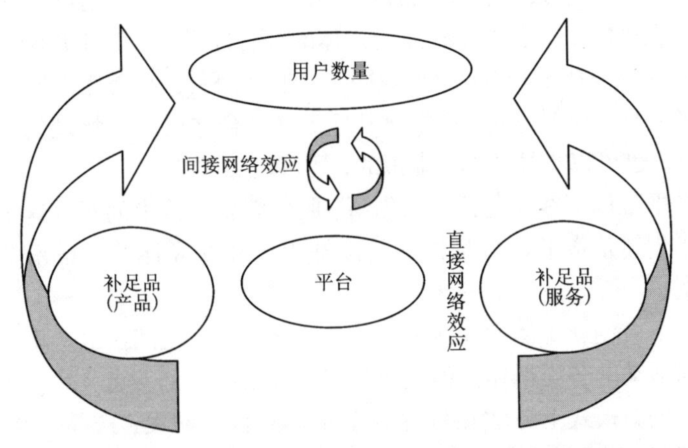

图 4-1　平台生态圈：平台+补足品+网络效应

资料来源：Michael A. Cusumano. Staying powder：Six Enduring Principles for Managing Strategy and Innovation in an Uncertain World[M]. London：Oxford University Press，2010：19.

平台型创新的载体即平台体的样态，可以是平台家族中的任何一种形式：生产平台、自组织平台、技术平台、经销平台、纯双边平台、多边平台、混合平台网络①。从理论上说，上述任何一种平台在合约控制权开放的基础上引入外部主体创新便可以实现平台型创新。在创新实践中，平台体的具体形态包括：平台组织——平台体的提供者或平台业务主办者，是将两类或更多类型

① 刘家明. 公共平台建设的多维取向[J]. 重庆社会科学，2017(1)：29-35.

的用户吸附其中并让其直接互动合作的组织；合作创新的空间载体或基础设施，例如产业园、游乐园、培训中心、互联网空间；能被其他组织作为开发基础的公共性产品（电脑、手机、汽车、冰箱等）和服务，很多基础性产品或服务都具有转化为平台的潜质①；共享或通用的技术框架或技术标准，如操作系统、基础应用程序。也可以是集合上述样态为一体的综合性平台，例如政府推动建设的经济技术开发区、产业园、工业园、科技园、孵化园、文化创意基地、众创空间、产学研基地等。平台体可以是物理的实体空间，也可以是抽象的、虚拟的，还可以实虚结合。

平台创新客体包括产品创新、服务创新与技术创新。这里的技术创新是指平台自身框架的互补程序开发或补充性技术解决方案。

平台创新主体即连接平台价值网络并直接或间接地从事平台创新活动的各类群体。他们包括产品和服务的消费者，甚至包括分众创新模式下分散在世界各个角落的普通网民；产品、内容、应用程序或服务的开发者；产品或服务的运营方或生产者。根据平台创新的客体，平台创新主体可分为三大类：产品创新者、服务创新者与互补技术创新者。根据创新角色的划分，创新主体在平台上要么是平台领导，要么是补足品创新者。平台领导可能不直接进行创新，但却是创新催化剂的提供者、平台的提供者、平台的运营者与规则设计者、平台创新及创新收益的整合者。补足品创新者通过为平台提供互补的产品、服务与技术，为平台添砖加瓦，增强平台的可扩展性，维护平台的整体价值，不断完善平台的价值网络。

平台规则是平台建设和运作需要遵循的制度体系，用来调节

① J. sviokla and A. Paoni. Every Product's Platform [J]. Harvard Business Review, 2005, 83 (10): 17-18.

平台与补足品之间的关系。平台主体的行为规范由内部规则和外部规则构成。平台体内部的运行机制和规范包括需求显示机制、开放及管制规则、协商互动机制、价格及利益分配规则、监督评估机制、信息机制、技术标准等。平台体外部的规则包括政府法律法规、土地与金融政策、创新创业政策、评估与监管政策、登记与审批制度、行业规划、政府购买与招投标规定等。

(三)外延比较

平台型创新是相对于组织自主创新的一种创新模式，是对组织自主创新的颠覆和替代，但这种替代是局部不完全的、动态演化的。组织一般在涉及核心技术、关键知识产权、基础性产品架构等价值洼地依靠自有技术优势和核心能力开展自主创新，以确保自己的竞争优势和创新引领地位。但在非核心领域和非擅长领域，在基础技术架构和产品框架的基础上完全可以开放产品、技术和服务的开发与生产，吸引外部主体推动补足品的创新。表4-1对二者进行了理论基础、核心思想、创新要素等维度的对比。比较发现，平台型创新与组织自主创新有着各自的理论基础、体系要素、功能优势和适用领域。二者完全可以同时存在于同一组织之中，在不同时期此消彼长、相互补充，发挥各自的功能优势。但在今天的平台经济时代，随着组织间竞争向生态系统竞争的演化转型、需求多元化的发展升级，组织自有资源与能力将显得更加捉襟见肘，创新终将冲破组织的围墙，平台型创新将会更多地替代组织自主创新。

表 4-1 平台型创新与组织自主创新的区别

	组织自主创新	平台型创新
理论基础	价值链理论，生产运作与创新理论	价值网理论，生态系统论，多边平台理论
核心思想	依赖组织的自有资源和技术能力的封闭式创新	借助平台整合资源、匹配供需、促进交互的开放式创新
创新主体	组织内部的相关部门和个人	组织外部的生态系统成员
创新客体	核心技术，基础性产品	互补产品、技术和服务
创新机理	内部主体基于组织自有技术资源和核心能力的自主创新	生态系统成员基于多边平台价值创造模式与路径的协同创新
创新方式	技术攻关、模块化创新、学习型创新、知识产权保护	基于平台结构与互动规则的互补产品、服务和技术的开发与生产
创新策略	人力资本开发、人事政策与经济激励、组织学习与创新管理	开放与管制，不对称定价，激发平台用户间网络效应，提供创新工具和服务
创新优势	领先的生产能力与技术优势	创新资源的整合，创新协同效应、范围经济性显著，创新的体系性与竞争力更强
创新风险	自有资源与创新能力有限	权益分配不均，负外部性，协作质量不高
风险治理策略	企业并购、专利购买、生产外包	平台规制与领导，平台失灵的合作治理

（四）优势特征

根据平台型创新的内涵，平台型创新模式的精髓在于把生态系统中的多元相关主体连接到平台上来，其基本功能是通过降低互动合作的交易成本促进互动合作，核心功能在于基于平台价值网络实现协同创新。

平台型创新模式具备创新生态系统的创新特征及优势：基于关系网络而非个体的创新，基于生态系统依赖性的互补性与协作性创新，基于环境变化的动态性与开放性创新，基于产业自组织与组织学习而非个体理性或组织计划的创新。平台型创新模式还具有平台的如下优势：突出了平台对创新的奠基和支撑作用，使创新有了根基和抓手；利用了平台的多元价值创造工具，有利于实现创新的动态调整与创新权益的均衡；发挥了平台的网络效应和杠杆作用，聚集并整合了创新资源，把创新主体、创新权益和平台紧紧地连接在一起，实现多边群体之间的相互吸引、权利和责任的相互依赖、价值和利益的相互促进。

平台型创新模式为顾客及第三方参与互补品创新提供了支撑体系，不仅提高了产品的供求匹配性，增强了用户黏性，而且容易满足多元化、多样性、个性化的需求，实现了产品供给的范围经济和服务的柔性化。创新主体在平台价值网上的集结，创新资源在平台共同体中的整合，创新活动在平台空间上的聚集，使得平台创新的协同效应、外溢效应、范围经济性更加显著，创新资源配置更加高效，提升了创新的抗风险能力与可持续性。

三、平台型创新的机理

根据上述对平台型创新概念的界定、要素的剖析和特征的解析，平台型创新以多边平台为支撑体系，以平台价值创造模式为实现机制，以平台价值网络为基础，以激发网络效应为核心，通过多元主体在连接价值网络的基础上实现互补品的开发与协同创新。

（一）基本原理与实现机制

平台型创新的基本法则是基于多边平台的空间载体、运行模式及供给侧创新资源的共享与能力的整合，利用创新生态系统中关联组织，组建一个开放的合作网络，关联组织按照多方共赢的原则，平衡享有合作创新带来的利益。其基本原理是，以政府或企业平台领导提供的平台性产品、服务或共享技术、基础设施、公共空间为空间载体，实现基于价值网络的协同创新。平台型创新模式与单纯的产品创新模式是不同的，以平台为中心的创新生态系统强调网络价值而不仅仅是产品价值，平台型创新需要生态系统中其他成员来直接完成或支持完成，从而创造补足品或进行创新活动①。

平台型创新以平台价值创造模式为实现机制。平台创造价值的的路径主要有四种：一是通过合约控制权的开放，平台向外部用户开放了互补性产品、服务与技术的开发权，实现创新群体之间的直接互动与合作创新，规避了委托代理问题；二是平台把多元用户群体聚合在一起，在供给侧整合了创新资源与能力的同时，还为互补品开发者提供配套的服务，不仅激发了互补品创新，增加了互补品多样性和产品的完整性，而且节约了互动与创新的交易成本；三是用户群体之间的彼此依赖、相互吸引、相得益彰有助于实现协作创新，尤其是补足品开发者之间的良性竞争推动着补足品范围经济的实现；四是平台规则与不对称定价模式保护了补足品开放者的知识产权与创新收益，调动了创新的积极性。多边平台凭借基础设施、规则、价格和一揽子服务等系列工

① 张小宁. 平台战略研究述评及展望[J]. 经济管理，2014(3)：190-199.

具，通过开放共享、互动合作、网络效应、价值分配与平台管制等基本路径，创造了交易成本节约与创新柔性等多元价值。

（二）价值网络与价值创造关卡

平台型创新是围绕着平台的多元主体协同创新，表现为平台上各类补足品的开发和创新。价值网络和网络效应是平台型创新的基础。平台生态系统成员以各自的价值创造关卡组建价值网络，平台领导通过激发网络效应来促进各类补足品的不断开发。平台创新价值网络（见图 4-2），以平台空间载体为基础，连接着平台的供给者，中介或渠道的供给者，新产品、互补服务或新技术的开发者，致力于推动平台型创新[①]。

在创新网络中，每个参与主体都可以有自己的一项或多项价值创造关卡：基础设施关卡（包括实体或虚拟的共享空间，基础设施，平台性产品、服务或共享技术）；中介渠道关卡（包括融资渠道、信息渠道、营销或销售渠道、支付渠道、科研辅助机构等）；产品创新关卡（掌管产品及内容的开发及创新）；服务创新关卡（从事产品互补服务的开发及创新）；技术创新关卡（专门进行平台基础构架互补应用及其接口界面等方面的开发创新）。每个创新主体凭借自己的价值创造关卡各施其能、各得其所。

（三）网络效应的激发

网络效应是多边平台的核心运作模式，表现为多元主体之间的互动而产生的相互影响，是平台生态系统成员之间合作的黏合剂和创新的催化剂。因此，平台型创新的关键是激发网络效应，吸引第三方进驻平台进行合作创新。平台型创新通过激发网络效

① 刘家明，等. 多边公共平台的社会网络结构研究[J]. 科技管理研究，2019(4)：246-251.

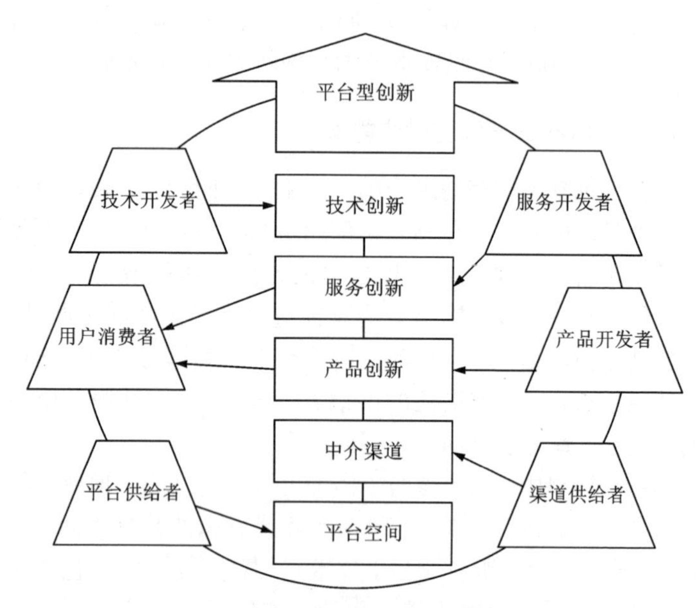

图 4-2　平台创新价值网络与价值创造关卡

图例说明：将梯形串联起来的圆圈代表平台创新价值网；梯形代表平台运作主体；矩形代表平台价值创造关卡；箭线代表供求方向

应实现多边群体间的相互吸引、价值和利益的相互促进，调动了利益相关方合作创新的积极性。网络效应有利于提高创新系统的凝聚力和吸引力，由此实现创新的良性循环。

平台网络效应是有作用前提的，其作用方式分为三种：跨边网络效应、同边网络效应、间接网络效应，其推动创新的作用机理见图 4-3。其中，跨边网络效应表明供求双边之间相互依存、彼此吸引，基于平台的合作与创新降低了交易成本；同类用户群体内部用户间的彼此吸引激发了平台的同边网络效应，推动着用户规模的增长，显示出需求方规模经济；间接网络效应表明某产品与其补足品的关系所产生的引致性需求，有利于推动补足品创新并产生范围经济[1]。

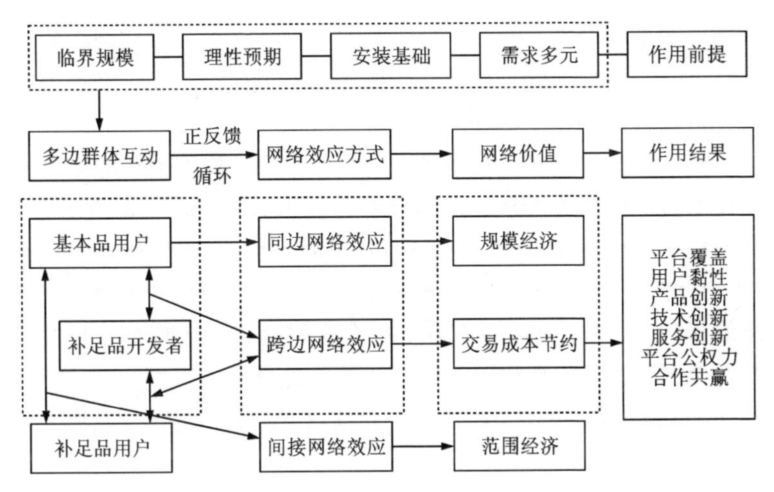

图 4-3　平台网络效应作用机理

(四)补足品的开发

平台借助他方创新的力量，向第三方或用户开放互补产品、服务和技术的开发与经营权，并为这些开发者提供配套的服务，增加了产品多样性、互补性与整体性；而且，这些开发者之间的竞争也驱动着补足品创新。由此，补足品创新源源不断，整个平台的创造活力得以激发。正如国外学者指出的那样，平台在创新生态系统中扮演着关键角色，加强了创新能力[2]。

补足品的开发创新离不开平台领导的组织、协调以及对创新

---

① Thomas Eisenmann, Parker G, and Van Alstyne M. Strategies for two-sided markets [J]. Harvard Business Review, 2006(11): 1-10.

② Iansiti M, Richards G L. The information technology ecosystem: Structure, health, and performance[J]. The Antitrust Bulletin, 2006, 51(1): 77-109.

的激励。平台领导是平台创新生态系统的中心，不仅仅是平台的提供者、运营者、规则设计者，而且是平台创新动机的激发者、创新资源的整合者、创新权益的保护者；不仅要对平台创新的系统性、协同性与前瞻性负责，还要为平台技术、产品、服务等补足品创新提供创新规则和配套服务。

其一是技术创新。技术是平台的补足品，技术创新的使命就是使平台架构更加开放，为基于平台技术架构的其他程序开发、商业应用提供更多可能，使平台更具通用性、实用性与互联互通性。首先，平台领导要为互补技术开发“预留”应用开发基础、便捷的接口、开放的通道；其次，平台领导通过技术标准、开放与开发规则、创新激励和协调活动，鼓励外部企业开发互补技术。例如，大唐电信的TD-SCDMA平台通过开放技术标准，为其他企业的互补应用创新提供了支撑平台。

其二是产品创新。在平台时代，产品不一定是利润来源，而往往是用户群体进驻平台的载体或通道，这是与产品时代的显著差异。因此，平台领导主导的互补产品创新的出发点是提高平的台覆盖性、扩大用户规模，为其他利润源创造用户基础。产品创新首先要遵循开放原则，通过高度开放，增加产品的多样性和用户选择的广泛性；其次是用户至上原则，产品创新要体现用户主权，增加用户体验，因为用户规模决定了平台创造价值的潜能；再次，降低所创新产品的使用成本，采取低价或免费策略，以降低用户使用平台的交易成本；最后，如有可能，尽可能地让用户自创内容，尤其是在娱乐、内容产业平台，用户自创内容不仅降低了内容生产成本，而且强化了用户互动，增强了用户黏性。总之，平台上互补品的创新关键在于要最广泛地布局产品终端化，以拓展平台覆盖面和边界，降低交易成本，激发网络效应①。

其三是服务创新。在平台上，基于产品的互补服务和基于网络价值的辅助服务的创新潜能无限，人性化、柔性化服务创新无极限。信息服务、支付服务、物流服务、体验服务可以无处不在。由于平台通吃现象的存在，服务创新的原则是比竞争对手多走一步，提供更优质、更高效、更完整、更人性化、更低成本的服务，这是平台竞争的取胜之道。平台服务创新旨在提升用户黏性和平台竞争力，提升网络价值。

综上所述，平台型创新的机理在于：以多边（双边）平台为支撑体系，以平台价值网络为基础，以平台价值创造模式为实现机制，以激发网络效应为核心，创新主体在连接价值网络的基础上实现协同创新与交易成本的降低。平台型创新是围绕着平台的多元主体协同创新，表现为平台上各类补足品的开发和创新。价值网络和网络效应是平台型创新的基础。平台生态系统成员以各自的价值创造关卡组建价值网络，平台领导通过激发网络效应来促进各类补足品的不断开发。

四、平台型创新面临的挑战

多边平台业务本身就如同“演员走钢丝”，不仅要推进用户群体之间的相互依赖、相互吸引、互相促进与交互质量，还要考虑用户之间的权益分配与利益均衡，更要应对潜在的威胁和风险，否则多边平台无法生存下去②。平台型创新是生态系统成员基于多边平台空间与规则的协作创新模式，这种模式本身就是多元主体间复杂动态的竞合、博弈与协同的过程，自然需要必要的前提

---

① 崔晓明，姚凯，胡君辰．交易成本、网络价值与平台创新——基于38个平台实践案例的质性分析[J]．研究与发展管理，2014(3)：22-30.

② [美]戴维·S. 埃文斯，理查德·施马兰奇．连接：多边平台经济学[M]．北京：中信出版社，2018：35.

条件、利益分配的均衡和有效地风险防控。

首先是创建多边平台与创新生态系统的挑战。在现实中，很多公司无法创建平台及其生态系统，要么是因为平台化转型的条件不充分，要么是难以解决“鸡蛋”相生的难题。一个组织一般都有自己的产品或(和)经销渠道，但要推行平台型创新，组织就不能将自己定位为产品与渠道中的一种，而是要将单边的产品生产、经销渠道转化为多边平台，或通过合约控制权的开放将创新融入原有的生产经营渠道，实现单边平台与多边平台的兼容。无论是哪种方式，都涉及产品或渠道的平台化转型。在单边平台的基础上进行改造和转型，是多边(双边)平台建设的一种通用模式①。有平台化潜力的产品或渠道必须首先表现出一种通用性或基础性功能，允许第三方基于此延伸功能、生产产品或提供服务②。但前提是要有运作成功的且可作为第三方开发商业应用的基础性产品和庞大的用户基础，唯有如此才能吸引第三方的创新。为降低风险，一开始可以选择平台模式与原产品模式的混合模式，注重控制价值创造关卡，逐步拓展创新点，实现创新平台的延展③。要解决“鸡蛋”相生的难题，就要通过不对称定价，尤其是免费和补贴相结合的价格结构，根据用户间网络效应的方向和强弱选择一个突破点，在有限的时间内尽快吸引重点用户的进驻继而吸引其他用户，这也是平台创建的关键。

其次是激发创新动力与维持利益平衡面临的挑战。平台型创新模式就是要吸引生态系统成员来创新、让他们从创新中获利，

---

① Hagiu, A. Multi-sided Platforms, From Microfoundations to Design and Expansion Strategies[R]. Harvard Business School, Working Paper, 2009.

② Parker G., and Van Alstyne M. Six Challenges in Platform Licensing and Open Innovation[J]. Communication & Strategies, 2009, 74(2): 17-35.

③ [美]朱峰，内森·富尔. 四步完成从产品到平台的飞跃[J]. 哈佛商业评论，2016(4): 73-77.

最终从他们的创新和成功中共同获益。因此对生态系统成员的放权让利是平台型创新的基础。组织必须有这种放权让利的“胸怀”，否则就无法建设创新平台。平台始终伴随着第三方开发者的成长而成长的，平台创新的关键就是能让第三方开发者获得利益。放权首先是平台企业合约控制权的开放，研发、生产、营销、销售、支付、物流、服务等价值链的各个环节均可以开放创新，实现从基于价值链的封闭创新到基于价值网络的开放式合作创新。多边平台的运作就如同走钢丝，最大的挑战在于如何取得利益平衡：既要保护自己的利润源，又要使互补者有足够的利润并保护他们的知识产权[①]。利益分配是平台生态系统成员最关心、最敏感的问题，直接关系到平台创新动机的激发，最终关系到平台型创新的可持续发展和平台生态的长期繁荣。

最后是应对竞争威胁与防范失灵风险面临的挑战。平台型创新的优势明显，但同时也存在着竞争威胁和失灵风险。平台面临的竞争威胁可能来自生态系统内部的竞争，如合作伙伴与平台用户的自创平台行为或叛离至其他平台；也可能来源于网络效应及知名度更高的平台，或是具有与自己客户群重合的竞争者[②]。平台型创新潜在的失灵风险包括用户的负外部性等不良行为，如欺诈、假冒伪劣、虚假宣传，它们牺牲了某些用户的利益；平台领导的垄断与自私行为造成利益分配不均，损害了第三方的创新积极性；平台被覆盖和模仿创新，造成知识产权无法保护及其创新收益无法回收；平台孤岛现象，创新价值网络不完善，网络效应无法激发；用户的去平台化行为，造成创新资源流失。因此，如何建立信任与安全机制、如何减少用户的去平台化行为、如何建

① Gawer Annabelle, M. Cusumano. How Companies become Platform Leaders[J]. MIT Sloan Management Review, 2009, 49(2): 27-35.

② [美]马歇尔·范阿尔斯丁，杰弗里·帕克，桑杰特·保罗·乔达利. 平台时代战略新规则[J]. 哈佛商业评论，2016(4): 56-63.

立监督机制是平台型创新要面临的重要挑战①。

五、推动平台型创新的对策建议

（一）放权让利，创建平台创新生态系统

平台对用户群体的放权让利，是平台战略成功的前提，是平台型创新的基础。平台型创新模式就是要吸引别人来创新、让别人从创新中获利，最终从别人的创新和成功中共同获益。平台领导必须有这种放权让利的“胸怀”，否则就无法建设创新平台。平台始终是伴随着第三方开发者的成长而成长的，平台创新的关键就是能让第三方开发者获得利益。

放权首先是平台企业合约控制权的开放，研发、生产、营销、销售、支付、物流、服务、人力资源管理等价值链的各个环节均可以开放创新，实现从基于价值链的封闭创新到基于价值网络的开放式合作创新。

放权也需要政府治权的开放，要发挥政府等公共部门的重大影响力和元治理功能，营造平台环境，建设平台基础设施，开放平台运营权力。如今，创新生态系统已成为一种新的创新范式，是一个国家、地区、产业或组织的竞争优势的新来源。因此，政府推动平台型创新的重要职责就是创建平台创新生态系统。在美国、瑞士、德国、英国、法国等最具创新力的国家，无一例外都在构建国家创新生态系统②。国家创新生态系统包括三个层次：宏观层次的创新生态系统，是在政治、经济、社会、文化、技术等国家政策层面的创新支撑体系，以提升国家竞争力为使命，具体涉

① ［美］安德烈·哈丘，西蒙·罗斯曼. 规避网络市场陷阱［J］. 哈佛商业评论，2016（4）：65-71.

② 王明杰. 主要发达国家城市创新创业生态体系［J］. 行政论坛，2016(2)：99-104.

及资金、技术、人才、土地、跨区域及跨产业规划等方面的产业扶持和科技创新政策；中观层次的创新生态系统，是旨在推动某一产业或区域发展而创建的以产学研合作为主要形式，以集群创新为切入点的创新网络，典型的例子就是城市的科技园、产业园、经济技术开发区、孵化中心；微观层次的创新生态系统，是核心企业主导下的以开放经营控制权为前提，通过整合外部创新资源，围绕企业核心技术架构、基础性产品或服务而建构的创新网络①。

（二）创新平台的建设

根据拟建的创新平台与原组织、原平台之间的关系，可以将创新平台的建设模式分为三种类型。

一是在原有平台体的基础上通过演化生成新的平台。即平台网络延展模式是在已有平台体的基础上，通过裂变、寄生、聚合或母子平台关系，孕育、催生出独立的平台。或者依赖平台间的联盟关系、主从关系、共生关系、互补关系，即在其他平台的帮扶下衍生、嫁接移植新的平台。这种平台创建模式最"省力"，而且有诸多好处，譬如新旧平台之间可以互通共享、互利合作。

二是将原来的组织或其基础设施、经营渠道等单边平台，按照多边（双边）平台的理念和模式来建设，向其他群体开放产品开发、服务创新或其他经营控制权，将组织及业务渠道由非平台转化为平台的过程，简称组织改造型平台建设。在单边平台的基础上进行设计改造，是多边（双边）平台建设的一种战略模式②。其中，最简洁的方式就是通过信息化建设虚拟业务平台。组织不必

① 赵放，曾国屏．多重视角下的创新生态系统[J]．科学学研究，2014(12)：1781-1788.

② Hagiu, A. Multi-sided Platforms, From Microfoundations to Design and Expansion Strategies[R]. Harvard Business School, Working Paper, 2009.

将自己定位为平台与渠道中的一种，平台模式也可融入原有的业务渠道而实现两者的兼容，从优化内部流程转向外部互动而建立创新价值网络[①]。

三是将组织原有的基础性产品、服务或技术架构转化为平台，即产品平台化。其平台建设模式与组织改造型平台建设模式基本一致，以这些基础性产品为载体，开放合约控制权，连接多边用户群体并促进他们之间的互动创新，即产品平台化的基本过程。有平台化潜力的产品，首先必须表现出一种通用性或基础性功能，必须允许第三方基于此延伸功能、生产产品或提供服务[②]。产品平台化的前提是要有运作成功的，且可作为第三方开发商业应用的基础产品和庞大的用户基础，唯有如此才能吸引第三方的平台型创新。这种平台建设模式关键是吸引用户进驻平台、激励第三方创新。为降低风险，一开始可以选择平台模式与原产品模式的混合模式，注重控制价值创造关卡，逐步拓展创新点，实现创新平台的延展。[③]

（三）强化公共服务，构建公共服务平台

"服务而不仅仅是平台"，为平台创新主体提供公共服务，是平台战略的基本原则之一[④]。当一个国家创新体系处于低级阶段或产业创新处于成长阶段时，公共服务平台对创新保驾护航的作

---

① ［美］马歇尔·范阿尔斯丁，杰弗里·帕克，桑杰特·保罗·乔达利. 平台时代战略新规则［J］. 哈佛商业评论，2016（4）：56-63.

② Parker G., and Van Alstyne M. Six Challenges in Platform Licensing and Open Innovation［J］. Communication & Strategies, 2009, 74(2): 17-35.

③ ［美］朱峰，内森·富尔. 四步完成从产品到平台的飞跃［J］. 哈佛商业评论，2016（4）：73-77.

④ Michael A. Cusumano. Staying powder: Six Enduring Principles for Managing Strategy and Innovation in an Uncertain World［M］. London: Oxford University Press, 2010: 10.

用就显得非常重要[①]。因此，强化政府服务职能，构建公共服务平台，对于推动平台型创新意义重大。

一方面，政府要像平台那样运作，实行平台型治理。双边（多边）平台模式是政府的重要战略，平台型治理可以使政府向平台运营商那样强化公共服务的同时推进公共服务创新[②]。Tim O'Reilly（2010）提议，政府应该向苹果、谷歌、维基百科、脸书等平台组织学习，利用用户的力量，通过开放式合作创新，为其产品增加价值[③]。另一方面，构建社会化的公共创新技术服务平台、新创企业孵化平台。公共创新服务平台是企业创新的必要支撑体系，尤其是高新技术企业、中小微企业的创新离不开公共创新服务平台的支撑[④]。

（四）规避平台型创新的风险

平台治理必须解决信息不对称、负外部性、垄断势力和平台失灵等问题，需要通过良好的规则和工具来治理平台失灵[⑤]。根据上面的分析，平台风险来源于多个方面，而且具有不确定性和复杂性，显然已超过单方的掌控。因此，利益相关者的合作治理与防范平台失灵是规避平台风险的正确选择。

首先是平台所有者对治理规则的制定与执行。平台治理能力

---

① 汤海孺. 创新生态系统与创新空间研究——以杭州为例[J]. 城市规划，2015（6）：19-24.

② Marijn Janssen and Elsa Estevez. Lean Government and Platform-based Governance—Doing More with Less[J]. Government Information Quarterly，2013（30）：1-8.

③ Tim O'Reilly，Government as a Platform[J]. Innovations，2010，6（1）：13-40.

④ 赵剑波，王欣，沈志渔. 创新型企业研发支撑体系的构建和激励政策研究[J]. 新视野，2014（2）：45-48.

⑤ Sangeet Paul Choudary，Marshall W. Van Alstyne，Geoffrey G. Parker. Platform Revolution：How Networked Markets Are Transforming the Economy & How to Make Them Work for You[M]. New York：W. W. Norton & Company，2016：149-154.

主要取决于平台所有者实施惩罚及排除成员的能力，平台所有者必须设计诚信机制和管制机制来保障创新主体的合作行为，通过适度的管制授予补足品开发者访问平台的权利，保障平台开放创新的有序性和相关方的知识产权与创新权益①。但平台所有者可能因追求一己私利而损害用户的权益或社会公共利益。因此，要在诚信与安全机制方面，通过资格审查、担保机制、信息机制、惩罚机制提高用户质量，减少用户欺骗；在减少用户去平台化行为方面，要通过降低平台交易成本、平台互联互通、服务整合、服务质量提升和个性化服务来提高用户黏性；在监督机制方面，可以向利益相关者开放监管权力，为政府监管者、媒体、消费者提供监督信息和便利，有助于实现公平高效的监督。②

其次是多边用户的参与治理与监督。作为核心利益相关方的多边用户不仅有动机，而且有信息和便利条件参与治理。平台所有者应该通过提供治理规则和治理工具赋予多边用户群体参与治理的权利和能力，推动用户群体之间的交互评价与监督。多边用户参与治理与彼此监督评价不仅有助于彰显用户主权、提高用户黏性、保障用户权益，而且对于提高交互质量、促进良性互动、改进创新品质、矫正负外部性方面十分有益。

最后，规避平台型创新的风险还需要政府部门的规制。政府部门的法律和行政措施、司法手段具有权威性，能站在公共利益的立场上对平台行业进行整体规制，充当外部仲裁者的角色。政府不仅可以审查平台治理规则的风险，还可以敦促平台所有者公开相关信息继而接受用户和社会监督。但由于信息不对称、交易成本高昂、反应滞后和迟缓，政府的规制需要与平台所有者合

---

① David S. Evans. Governing Bad Behavior by Users of Multi-sided Platforms [J]. Berkeley Technology Law Journal, 2012(27): 1219-1220.

② [美]安德烈·哈丘，西蒙·罗斯曼. 规避网络市场陷阱[J]. 哈佛商业评论，2016(4): 65-71.

作。总之，平台所有者、多边用户与政府主管部门之间的合作治理才是平台风险治理的根本出路。

第二节　平台型创业：模式、机理及发展路径

一、平台型创业的提出

在大众创业时代，创业还是就业是劳动者面临的重要选择。创业是事业的开拓创造，要比单个个体的就业对社会经济发展的贡献大得多。但是创业要比就业艰难得多，风险也大得多，现实中的创业失败率居高不下。因此，在哪创业、如何创业才能提高创业成功率，不仅是创业者要思考的根本问题，也是创业孵化者和政府相关部门要考虑的重要问题。在平台时代，平台组织影响深远[①]，平台商业革命席卷全球[②]，平台经济已经成为全球经济增长的重要动力[③]。因此，旗帜鲜明地提出平台型创业模式，借助平台组织的力量和多边平台商业模式，对于提升创业效果、转化创业方式意义重大。在“万众创新，大众创业”的潮流中，对于如何为创业保驾护航，降低创业的复杂性与风险性，提高创业成功率，政府、社会和创业者都要思考创业模式的创新。

(一)平台型创业概念解析

平台型创业(Platform-based Entrepreneurship)，是指创业者连

---

① Phil Simon. The Age of the Platform: How Amazon, Apple, Facebook, and Google Have Redefined Business[M]. Las Vegas: Motion Publishing LLC, 2011: 1.

② Sangeet Paul Choudary, Marshall W. Van Alstyne, Geoffrey G. Parker. Platform Revolution[M]. New York: W. W. Norton & Company, 2016: 16.

③ [加]尼克·斯尔尼塞克. 平台资本主义[M]. 程水英，译. 广州：广东人民出版社，2018: 139.

接并进驻平台，借用平台空间、资源及网络进行创业的活动及模式。这里的“平台”是指平台经济学与平台战略学语境中的双边或多边平台。由于多边(双边)平台具有开放性，外部主体可以进驻平台进行创新与创业等活动。平台型创业的实质是利用多边平台的空间载体、基础设施、渠道网络、用户基础、信息与技术等资源，尤其是借用了平台的价值创造机制和平台生态系统中的社会关系及价值网络等无形社会资产，创业者对自己的平台补足品供给拥有经营控制权、剩余索取权，按照互利共赢原则进行开放合作的创业模式。创业本质上是经济价值网络的再造和人际社会网络的重组。平台型创业正是通过借用多边平台的力量实现价值网络的再造和社会网络的重组，因此能够对创业产生强有力的支撑作用。

(二)平台型创业大势所趋

当前，在政府的大众创业倡议下，互联网创业热潮不减，大众创业风起云涌，标志着众创时代的到来。众创反映了创业主体由精英向大众化转变、个体向群体化发展，创新方式由封闭向网络化转型的社会趋势，这是对创新理念、创新模式的深刻变革①。在众创时代，机遇与挑战并存。我们赶上了史上最好的创业时代：政府出台了面向全社会各层次主体，涵盖创业审批、信贷、税收、培训、孵化等全方位的支撑体系；市场经济相对成熟，尤其是平台经济与共享经济方兴未艾，平台商业模式席卷全球并渗入各行各业，创业平台与基于平台的创业悄然兴起；信息技术日新月异，互联网和电商平台带来了大量创业机遇，网络平台创业也掀起一股热潮。但遗憾的是，财经数据显示，中国创业失败率

① 顾瑾. 众创空间发展与国家高新区创新生态体系建构[J]. 改革与战略，2015(4)：66-70.

高达80%，而大学生创业失败率更是超过90%。这不仅仅是因为大众创业能力差、创业资源少、保障能力弱，更重要的是创业生态系统不完善，创业支撑网络不健全。成功创业不仅要求供求网络的耦合，而且更需要社会网络平台的支撑。因此，初创企业比成熟企业对创业生态环境和社会网络的依赖度更高，创业企业成长依赖于创业生态体系和创业集聚网络①。因此，有必要为创业主体提供良好的生态环境与平台支撑体系。

在平台经济时代，“平台型就业”与“就业去中介化”必将成为一种新常态②。互联网技术和数据技术的广泛应用弱化了土地、机器等传统生产要素对劳动力的束缚，人力资源的创造性通过平台得到前所未有的释放。通过与平台的连接，人人都可以成为快递员（例如联络人人快递网）、司机（例如注册滴滴司机）、店主（例如进驻淘宝）、房东（例如连接爱彼迎）、直播者（例如连接虎牙、抖音等直播平台）……因此，平台时代的大众创业触手可及。综上所述，抓住创业机遇，迎接创业挑战，让创业变得简单易行、风险更低，提高创业的可行性和成功率，集结创业生态环境，创建平台支撑网络，平台型创业模式呼之欲出。

（三）平台型创业优势显著

平台型创业的优势根源于多边的特征及其优势：平台具有开放性与共享性，其实质是平台产品开发权、经营控制权的开放；平台是平坦通畅的，易于为创新资源的聚集与整合、创新主体之间的沟通协作创造条件；可复使用性，平台元素可复使用的经济

---

① Sternberg R, Wennekers S. Determinants and Effects of New Business Creation Using Global Enterpreneuship Monitor Data[J]. Small Business Economics, 2005(3): 193-203.

② 阿里研究院. 平台经济[M]. 北京：机械工业出版社，2016：35.

逻辑是很强大的，由此实现了规模经济基础上的创新柔性①。最重要的是，多边平台具有利益共同体、社区共同体特征，平台最重要资产与价值优势的来源都是成员间的互动②。

多边平台的开放共享、平坦通畅、可复使用、互动合作等特征，使得平台型创业具有以下优势：第一，为创业提供了舞台、空间、渠道，降低了创业门槛与创业的复杂性，提高了创业的可行性，使创业简单易行；第二，创业平台聚集并整合了相关资源，平台发挥了一种杠杆作用，撬动了各方的资源和能力，实现了平台生态系统内群体间资源与能力的连接共享，降低创业者的投入；第三，平台价值网络及其支撑体系节约了创业的交易成本，降低了创业的风险，提高了创业成功率。

有了上述优势，平台型创业模式对于创业推动意义是不言而喻的。首先，对于平台创业者而言，创业者进驻平台并借助平台网络及支撑体系，让创业变得简单可行的同时，也提高了创业成功率。其次，对于平台而言，创业者越多，其互补品就越丰富，平台生态系统越完善，平台用户规模越庞大，为此拓展了平台价值网络，更能激发网络效应，展现了平台的规模经济、范围经济等优势。再次，对于政府、平台企业等平台领导而言，平台处于生态圈的中心，是价值网络的枢纽，便于利用平台的各类工具实现基于平台的统一治理，发挥平台领导的治理能力和影响力。最后，对于整个社会而言，平台型创业为大众创业提供了可能，创业者可以充分利用平台的资源优势、客户基础和网络力量，节省资源筹备和供需匹配过程中所耗费的各种投入，大大提高创业成

---

① Carliss Y. Baldwin, C. Jason Woodard. The Architecture of Platform：A Unified View [R]. Working Paper, Harvard University, 2008.

② [美]马歇尔·范阿尔斯丁，杰弗里·帕克，桑杰特·保罗·乔达利. 平台时代战略新规则[J]. 哈佛商业评论，2016(4)：56-63.

功率，有利于促进社会经济的发展。

二、平台型创业的运行模式

在当今的平台时代，平台已是组织开发产品、实现产品创新、万众创业的一种新范式。现代平台组织已经被植入了开放创新与创业的基因①。平台的价值就在于不断增加第三方创新者与创业者。这些第三方开发者越多，平台的价值和影响力就越大。根据创业的主体是企业还是大众，平台型创业模式分为企业平台型创业与大众平台型创业等两种基本类型。根据平台的所有权属性：是供应商拥有平台，还是中介拥有平台，前者可进一步分为多主体嵌入平台型创业、中介孵化平台型创业等两种模式[14]。创业孵化平台更多的是在中介提供创业指导与帮扶、教育与培训、场地与资金等支撑服务或经中介牵线搭桥由他方来提供创业支撑服务。严格来说，这是一种生产平台或中介渠道，不属于基于纯双边（多边）平台的平台型创业的范畴。平台型创业最终还是要基于双边（多边）平台来开发与供给补足品实现。因此，本节仅讨论两种最典型的平台型创业模式：多主体嵌入平台型创业与大众平台型创业。

（一）多主体嵌入平台型创业

双边（多边）平台包括平台自身架构体系和双边市场体系等两个基本子系统。与此相对应，平台型创业活动分为基于平台自身架构体系的平台开发型创业和基于双边市场体系的互补产品及服务的补足品供给型创业（简称“双边市场创业”）。平台生态系统的多元用户均可通过嵌入这两个子系统互动合作而实施创业，

① Kevin J. Boudreau. Open Platform Strategies and Innovation: Granting Access vs. Devolving Control[J]. Management Science, 2010, 56(10): 1849-1872.

因此这种创业模式统称为多主体嵌入平台型创业，其运作模式见图 4-4。[①] 平台开发型创业往往是一种技术开发行为，有助于平台结构更加完善，平台架构更加丰满，平台技术更加实用，平台功能更加强大，但前提是平台领导的授权与平台技术架构的开放。双边市场创业是基于双边市场供求网络而开展的供给行为，与平台开发型创业较强的专业性、技术性相比，其商业性、普适性更强，因此是更为典型的、更容易推广应用的创业方式。

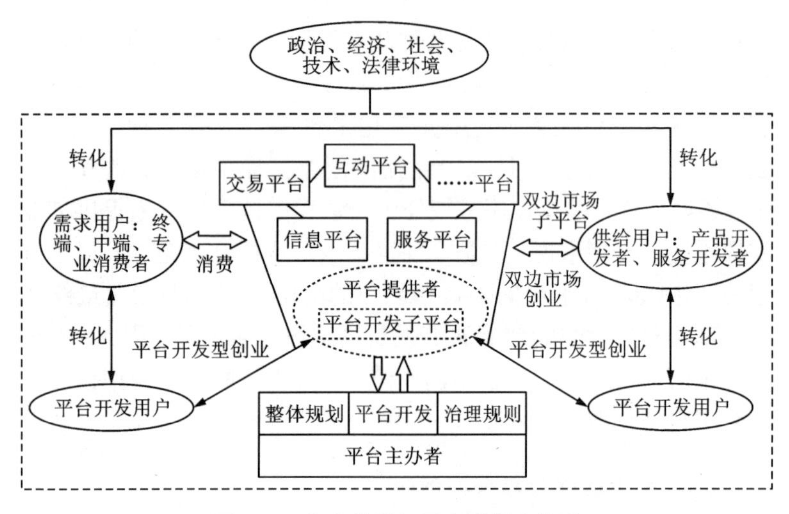

图 4-4　多主体嵌入平台型创业模型

资料来源：金杨华，潘建林. 基于嵌入式开放创新的平台领导与用户创业协同模式[J]. 中国工业经济，2014(2)：148-160.

多主体嵌入平台型创业是在平台知识产权与经营控制权开放基础上，平台主办者、平台提供者、平台多元用户之间通过互动

---

① 金杨华，潘建林. 基于嵌入式开放创新的平台领导与用户创业协同模式[J]. 中国工业经济，2014(2)：148-160.

合作实现的。平台主办者负责平台的整体规划、规则设计与治理方案，平台提供者负责平台的具体运营，联络、吸引多元用户群体进驻平台，与这些用户互动并为他们提供一揽子服务，促进不同用户之间的互动合作[①]。平台的用户总体上分为供给者与需求者双边群体，供给者就是形形色色的平台创业者：技术开发者、产品开发者、服务开发者。平台创业者既可以为终端用户提供最终的消费品，也可以为中端用户提供中介渠道、信息，还可以为专业用户提供专业技术及服务。

在平台上，用户的角色有时是模糊的，是可以相互转化或兼具多种角色。例如，终端产品供给者同时是平台的中端用户或专业用户，需求者用户也可以通过众包模式或用户自创内容而成为兼职创业者。正是这些多元用户群体之间的供求关系、供求转化关系、价值网伙伴关系，让他们相互依赖、互动合作、互利共赢，从而产生了大量需求和商机，使平台上的创新与创业行为得以协同运行。

平台所需的补足品丰富多彩、类型各异。为了更好地促进补足品的开发与创新，提高补足品的专业性和质量水平，创建子平台并按模块化运作往往是平台领导的普遍选择，同时也是推动平台型创业的基本方式。通过平台裂变与网络平方来创建子平台，是推动平台型创业深入发展的重要选择。平台裂变通过对平台功能或业务的细分，让特定功能或业务独立出来，裂变成一个新的专业性平台，从而实现供给与创业的专业化[②]。当支配性平台存在资源闲置情况时，创业者将这些资源有效利用起来后形成一个新的平台，为共同的、更细分的用户群提供更专业的服务，这就

---

① Parker G., Van Alstyne M. Six Challenges in Platform Licensing and Open Innovation [J]. Communication & Strategies, 2009, 74(2): 17-35.

② 徐晋. 平台经济学[M]. 上海：上海交通大学出版社，2013：272.

是网络平方[1]。在子平台上，用户基本需求由支配性平台来提供，附加的、专业的增值服务在衍生的新平台上由创业者来提供。

（二）大众平台型创业模式

大众创业的典型特征是零散性、碎片化、资源少、规模小、能力弱、技术含量不高。虽然大众创业简单易行，但缺乏相关保障，抗风性能力差，失败率较高，尤其是做大做强的概率很低。因此，大众创业特别需要保障体系和社会网络平台的支撑。随着平台经济深入各行各业，尤其是电商平台的普及，平台型大众创业已越来越流行。事实上，自从有了双边市场的雏形——农村集贸市场，就有了平台型大众创业。根据创业平台的载体类型，平台型大众创业分为四种模式：市场型大众创业平台模式、园区型大众创业平台模式、社区型大众创业平台模式、网络型大众创业平台模式[2]。

市场型大众创业平台模式是大众利用已有的从事经营零售或批发业务的商业街、商城、超市、集市等双边市场的空间、基础设施与客户流量，开展生产经营活动的创业模式。这些双边市场一般已存在琳琅满目的各种产品及其供给者，而且人气旺盛，客户流量较大。因此，有两种效应吸引创业者：一是既有供给者的吸引——同边网络效应，他们提供的产品或服务不够完整，互补品欠缺，这些供给者吸引创业者来充当补位者角色；二是数量庞大的消费者中存在大量的多样性、人性化、增值性或辅助性的需求未得到满足，于是这些需求吸引着创业者的进驻——跨边网络效应。市场型大众创业模式的供给主要由需求创造，一般投资

---

① ［韩］赵镛浩．平台战争［M］．吴苏梦，译．北京：北京大学出版社，2012：51-52．

② 黄宾．创业生态要素、创业聚集与创业发展——中国四类草根创业平台的实证比较［J］．技术经济，2016（7）：90-95．

少、见效快，同边网络效应和跨边网络效应对创业者的吸引显著，但也存在诸多风险：消费者需求难以预测可能导致需求规模不足或商机把握不准；整个双边市场退化或被功能更强、成本更低的其他平台覆盖，造成客户的流失；商品同质化程度高，替代品很多，竞争过于激烈，难以营利。因此，这种创业模式成功的关键在于平台的前瞻性规划与交易成本的降低，注重差异化特色经营与聚焦策略、低成本策略相结合，争取更多的竞争优势。

园区型大众创业平台模式是小微型企业、在校大学生、青年创业者进驻政府、团委、妇联、残联、学校等公共部门或大型平台企业提供的创业园区、创业中心、孵化基地等平台空间，借助“园区”平台提供的基础设施、优惠政策、资金帮扶、价值网络、保障服务、创业指导等支撑体系，以小微型企业或项目团队运作的创业模式。其特征如下：平台政策性较强，公共部门和创业公益组织的扶持和支撑力度较大；创业生态要素聚集，创业网络比较完善，创业氛围良好；创业项目广泛，项目团队式运作。由于是平台政策推动，先有供给后有需求，所以潜在的风险有两个：一是创业可能盲目跟风，市场意识不强，市场调研不足，需求估计不足；二是对平台政策和网络过多依赖，创业能力和营利能力无法提升。为此，创业成功的关键首先是评估并确保创业项目的市场可行性；其次是在逐步减少创业资源依赖的同时，适度地继续跟进创业指导，改进创业生态网络，提升创业团队的自我营运和营利能力；最后是强化风险规避意识。

社区型大众创业平台模式是借助街道、学校、生活小区等社区平台的基础设施与空间渠道，主要满足邻里社区居民和周边群体的生活需求而开展的便民利民创业活动模式。创业平台可由基层政府集中设置，也可由创业者自主地选择便捷场所。这种创业模式灵活便捷，简单易行，一般投资少、见效快，方便家庭式创业或兼职型创业，也适合就业困难人员、下岗人员维持生计。创业项目围绕着居民各种生活需求而展开，不用拘泥于“平台”的各种形式。例如，可在居民经常出入之处摆放自动售货机、自动打印机，借用超市空间开展收发快递业务。该创业模式的风险在于需求规模可能较小，利润空间有限。其成功的关键是形成符合社会生活模式的小型商圈，以此扩大需求品种和需求规模。例如，可以围绕着小区内的游泳池“平台”，建设配套的涵盖游泳培训、救生安保、餐饮服务、储物服务、相关娱乐项目等互补服务的创业商圈。

网络型大众创业平台模式是在互联网平台，尤其是电子商务平台、社交网络平台、网络直播平台等虚拟平台开展经营活动的创业模式。这种创业模式近年来比较流行，创业者主要为年轻人，创业项目大多门槛低且适宜网上交易。其优势是经营活动不受时空限制，运营成本低，网络覆盖面广。但存在的潜在风险也很明显：经营信息容易被淹没，或遭到更大平台的覆盖威胁，网店竞争激烈，利润空间狭窄。这种创业模式成功的关键是广结社会关系网络，善用网络营销技巧，提高网络人气和客户流量。为降低“淹没”风险，可将平台、样品或其标识(如微信二维码)寄存于各类实体平台或链接到更大的虚拟平台、实体平台，这样可提高其存在感或点击量。

综上所述，四类大众平台型创业模式均有自己的优势、风险与适用范围，其选择的平台形态不同，成功的关键因素也不尽相同，见表4-2。创业者需要进一步结合自身的资源能力、创业关系网络、比较优势与平台机会，综合权衡创业规模与用户流量及其需求规模、潜在收益与风险，根据机会成本原则，选择合适的创业平台。

表 4-2　四类大众平台型创业模式的比较

	平台类型	核心特征	创业风险	关键成功要素
市场型大众创业平台	商业街、商城、超市、集市等双边市场	需求创造供给，同边与跨边网络效应显著	平台覆盖与退化致客户流失，需求难以估计，竞争激烈	平台前瞻性与交易成本降低；差异化经营与聚焦策略相结合
园区型大众创业平台	平台领导提供的创业园区、创业中心、孵化基地	政策性较强，生态要素聚集，网络完善，氛围良好，团队运作	市场意识不足，盲目创业；依赖政策和网络；创业与营运能力有待提升	市场可行性，跟进创业指导，改进生态网络，提升团队营运能力，强化风险意识
社区型大众创业平台	街道、学校、小区等社区的基础设施与空间渠道	灵活便捷简单，围绕居民生活需求，便于家庭或兼职型创业	需求规模可能较小，利润空间有限	形成符合社会生活模式的小型商圈，扩大需求品种和需求规模
网络型大众创业平台	电商平台、网络平台社交、直播平台	网上交易，门槛低，不受时空限制，覆盖面广	平台淹没或平台覆盖威胁，网店竞争激烈，套利空间小	广结关系网络，善用网络营销，提高客户流，连接平台网络

三、平台型创业的机理与路径

平台型创业模式依赖于平台用户之间的相互依赖、供需匹配、互利共赢等基础条件，凭借基础设施、价值网络、治理规则和一揽子服务等系列工具，节约创业成本、降低创业风险、提高创业成功率。平台创业者不用像传统创业者那样独立选址并筹备自有资源，而是探寻平台空间在哪；创业者不用自主研发产品，而要甄别并填补平台的价值网络缺口；创业者不用完全依赖自身资源和能力，而是借用平台力量和网络效应来扩大规模。

平台型创业的机理（如图 4-5 所示）：以多边（双边）平台为支撑体系，以平台价值网络为基础，以平台价值创造模式为实现机制，创业主体在连接价值网络的基础上实现合作创业与交易成

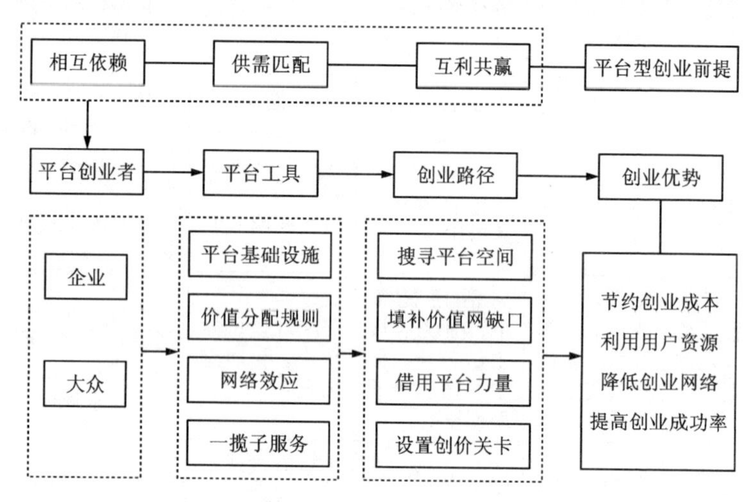

图 4-5　平台型创业的机理

本的降低，通过设计基于平台规则的营利模式，设置平台价值创造关卡来获利①。其中，创业者与平台是相互依赖、互为补充的价值关系，这是平台型创业的前提。供需匹配也是平台型创业成功的基础和关键，创业者拟供给的产品或服务必须具备潜在的足够的用户流量及其需求规模。互利共赢是平台所有者和创业者合作的前提，也是平台生态系统持续繁荣的基础。平台所有者的价值分配规则和负外部性管制行为对此非常重要②，尤其是平台所

① 刘家明. 多边公共平台的运作机理与管理策略[J]. 理论探索，2020(1)：98-105.

② David S. Evans. Governing Bad Behavior by Users of Multi-sided Platforms[J]. Berkeley Technology Law Journal，2012(27)：1203-1213.

有者应该具备放权让利、推动整个生态系统长远发展的领导思维。对于平台来说，创业者为其提供丰富多彩的互补品，从而扩大平台覆盖面、提高用户黏性，进一步提升平台生态系统的整体竞争力[1]；对于创业者来说，平台为其提供了创业空间与基础设施、价值创造工具、一揽子服务和用户基数，大大降低了创业成本与创业风险。

(一)寻找平台创业空间

平台型创业的第一步就是确定有哪些平台可供利用以及平台在哪。根据平台产品的供给方式与经营控制权，平台的家族谱系分为生产平台、自组织平台、技术平台、经销平台、纯双边平台、多边平台、混合平台与平台网络等八个分支，它们按照平台开放程度由低到高排列[2]。从理论上说，只要这些平台向外部主体开放经营控制权，外部主体就存在基于该平台的创业机会与可能。后四个分支的平台已经开放经营控制权，属于广义的双边平台(市场)。前四个分支的平台暂时没有开放经营控制权，但随时可能演变为双边(多边)平台。例如，亚马逊、沃尔玛、苏宁等传统经销平台通过开放部分经销权与空间渠道转型为双边平台，万达由原来的生产平台向包含有万达影院、万达广场等多边平台的模式转型，谷歌也由最初的技术平台演变为双边平台[3]。

以下几条线索有助于我们探寻平台空间：其一是人流汇聚之处。平台一般建在人流密集的地方，或者在人气旺盛的其他平台

---

① [美]阿姆瑞特·蒂瓦纳. 平台生态系统：架构策划、治理与策略[M]. 候赟慧，赵驰，译. 北京：北京大学出版社，2018：43.

② 刘家明. 公共平台建设的多维取向[J]. 重庆社会科学，2017(1)：29-35.

③ Luchetta，G. Is the Google Platform A Two-sided Market? [R]. 23rd European Regional Conference of the International Telecommunication Society，Vienna，Austria，2012.

的附近，因为庞大的潜在用户流量是突破平台临界规模继而产生网络效应的关键①。其二是产业聚集之地，例如工业园、产业园、科技园、开发区、美食城等。产业聚集之地一般已经证明存在良好的平台支撑体系，同时对相关行业存在着互补需求与辐射带动作用。其三是谁是平台领导。当前，平台已广泛存在于各行各业，平台组织与平台领导不断涌现。识别平台领导或行业领袖，跟随平台领导创业，为平台领导添砖加瓦，是平台型创业的重要策略。具体来说，平台空间包括以下几种类型：政策性平台，例如创业孵化基地、创新创业基地、青创中心、创业基金平台、中关村创业街、创业小镇、官产学研基地等；基础设施平台，如广场、公园、校园、游泳池、文娱活动场所、体育活动中心、社区等；组织平台或平台型企业，如社会组织服务中心、百度、腾讯、阿里巴巴、第一创业等；虚拟平台，如云平台、微信平台、电子商务平台、跨境电商平台、售票网站、网络社交平台等；经销平台，如购物中心、超市、大卖场、电脑城等；大众性基础产品或通用技术架构，例如电脑、手机、汽车、海尔冰箱、安卓系统等。

（二）填补价值网络缺口

根据上文，平台类型很多且分布广泛，接下来就要找到适合自己的平台来创业。平台型创业实际上是对平台价值网络的优化或重组。平台价值网络是由与平台发生价值往来并影响平台价值实现的各类成员构成的互动网络和价值体系。平台型创业就是要通过创业者来增加网络节点，弥补价值网络缺口，完善平台的价值体系。而识别与弥补平台价值网络缺口，第一步就是确定平台

---

① [美]戴维·S. 埃文斯，理查德·施马兰奇. 连接：多边平台经济学[M]. 北京：中信出版社，2018：29.

生态系统成员之间的价值关系与各自需求[①]。因此对平台运作模式、价值网络、用户需求的前期调研是必不可少的。创业者在平台上一般扮演的是补足品供给者的角色，以满足各类平台用户个性化、辅助性的需求。作为补足品供给者，平台创业者应该具备一定的专有能力、独特资源和对用户需求的更好理解，否则便缺乏竞争力与价值优势。具体提供何种补足品，应以市场为导向，结合创业者自身的比较优势与补足品特点，将补足品嵌入平台价值网络。而在平台建设初期，更多的是要服从平台领导及平台运营者对价值网络的统筹规划与补足品的安排。

(三)借用平台模式力量

平台创造了社区和市场，使创业等各类交互成为可能。多边平台模式有四大具体功能：一是拓展受众，吸引、连接和汇聚供需两侧的用户；二是通过自动配对、关联、搜索等工具体系和信息机制推动供需匹配；三是提供基础设施、技术与一揽子服务促进高质量交互；四是安排规则和标准，规范与激励交互行为，维护高质量交互，保障交互权益和价值的实现[②]。因此，平台创业者应该善于借用平台商业模式及其工具体系、服务体系和规则体系来汇聚需求、匹配供求、降低创业成本。平台型创业不仅要借用平台的空间载体、基础设施、渠道与技术等硬件资源来降低运营成本，更重要的是要利用平台社会关系网络与影响力，高效地推广营运自己的业务。首先，要充分利用平台的庞大客户流量，吸引更多客户访问自己的产品，从而创造更多商机。必要时需要

---

① David S. Evans, Richard Schmalensee. Catalyst Code: The Secret behind the World's Most Dynamic Companies[M]. Boston: Harvard Business School Press, 2007: 59.

② [美]亚历克斯·莫塞德，尼古拉斯 L. 约翰逊. 平台垄断：主导21世纪经济的力量[M]. 杨菲，译. 北京：机械工业出版社，2017：28-29.

对平台用户进行细分，从大量用户中确定目标市场。其次，要充分利用平台的品牌影响力、渠道及营销能力，加快补足品的营销推广进程，使更多用户更早接触、试用这些补足品。例如，酷米、豆瓣等开发运营商、内容运营商通过进驻百度应用开放平台得以快速推广应用。最后，利用平台的同边网络效应与间接网络效应，分别整合同类供给群体、互补品供给群体的资源与能力，实现创业者与这些群体间互动合作、相得益彰，更好地融入平台商业社区。

（四）设置平台价值创造关卡

在如今的平台时代，多样性及复杂性所决定的互补品需求太多，因此每个创业者都要学会展现自身的价值优势。在平台价值网络中，创业者要与其他主体合作，在创造出完整的体系价值的同时，还要找准自己的价值位置和获利关卡。以平台模式创造价值和实现多方共赢的关键是找到多方需求引力之间的“关键环节”，设置获利关卡①。创业者要结合自身的优势，在平台的要素体系与价值网络中选择、设置价值创造和获利的关卡。平台运作离不开资金、基础设施、规则、服务、产品（内容）、信息、技术等基本要素。每一个要素都不可或缺，从而构成了平台价值网络中的一个个环节②。平台的价值创造（获利）关卡设在哪里？一般来说，关键、稀缺的环节往往便是价值创造关卡。创业者要根据自己的价值、过程、资源，根据自己的“基因”选择自己如何介入平台的世界③。

选择好价值创造关卡后，创业者要善于利用平台规则挖掘关

---

① 陈威如，余卓轩. 平台战略[M]. 北京：中信出版社，2013：81-82.

② 刘家明，谢俊，张雅婷. 多边公共平台的社会网络结构研究[J]. 科技管理研究，2019(4)：246-251

③ 王旸. 平台战争[M]. 北京：中国纺织出版社，2013：239.

卡的潜在利润空间，选择营利与支付模式来保障自己的权益，同时降低运营风险。起初，创业者只是依赖平台的知名度和影响力来吸引客户，但随着竞争加剧和用户多属行为的发生，会面临用户流失的风险。为此，创业者需要在业务上深耕细作，不断改进服务，扩充服务模块，提高平台覆盖面；必要时要同时开启线上业务模式，参加多环状平台网络建设，让自己羽翼逐渐丰满，把平台知名度转化为产品知名度，减少用户绕过平台的行为和平台业务被覆盖的风险。

四、平台型创业的风险与挑战

平台把供需两侧的用户及其资源都连接和汇聚在一起，进行匹配、互动，互相促进、相得益彰，因此为创业者提供了支撑体、聚宝盆和催化剂。但平台型创业不是一蹴而就、一劳永逸的，而是充满了复杂性、挑战性和风险性。

第一，平台生态系统建设不完善或平台不够开放。平台空间渠道有限或基础设施建设不完整，容易造成创业者的初始投资过大，缺乏对潜在创业者的吸引；平台的价值网络过于简单，对资源的整合力和用户的吸引力不够，尤其是平台自身的用户规模偏小就难以吸引潜在创业者的加盟；平台对外部主体比较封闭保守，与外部连接的渠道或接口不够通畅，或平台信息难以共享，或不愿意为创业者提供支撑服务，都会导致创业者无法进驻平台或造成创业的固定成本、交易成本过于高昂。

第二，创业者的市场定位和需求规模估计非常重要，但很复杂。创业者只能在平台上提供互补的产品或服务，只能增进平台的用户流量和用户黏性，而不能造成平台用户的分流，更不能与平台所有者提供替代性的竞争品。而且用户及其需求规模不仅受到平台的价格策略和非价格策略的影响，还受到创业者的营销和价格策略的影响，二者的互动合作策略（如平台对创业者的补贴或捆绑促销）也会影响创业者的需求规模。因此，创业者吸引用户的策略以及与平台所有者的合作策略非常重要。

第三，创业者对平台机遇的敏感度和平台商业模式的驾驭力不够。创业企业和大众对平台时代财富和商机聚焦于平台的大势缺乏清醒的判断，对平台型创业模式的优势和功能认识不够充分，不懂得平台商业模式的运作机理和价值创造逻辑。因此缺乏对平台机遇的敏锐感和洞察力，造成去平台创业或创建新平台的创业热情不高、创业准备不足或创业机会难以把握的问题。因此，平台型创业模式的教育培训与应用推广非常重要。

第四，平台所有者的官僚制管控模式与垂直思维不利于平台生态和创业者的成长。如果平台所有者把自身利益置于平台生态系统之上或认为创业者等用户是自己管制的下属，利用平台治理规则和滥用排他权力、分配权力，漠视、侵吞创业者的权益，便会造成平台利益分配不均衡，那么平台型创业就难以为继。平台型创业成功的前提之一是创业者与平台是相互依赖、互为补充的价值关系。反之，在竞争对抗关系中，创业者不仅与平台所有者无法公平竞争，还很容易遭到后者的利益侵占。所以，平台所有者应该具备放权让利、推动整个生态系统长远发展的平台领导思维①。

五、平台型创业的发展路径

大众创业、万众创新是我国经济发展的双引擎，政府承担着最大限度激发社会创业活力的重要职责。同时，平台型创业有助于丰富平台生态、扩大平台覆盖面和提高用户黏性。平台型创业对于提高创业成功率、丰富创业生态提高具有显著作用。因此，政府、创业孵化机构和平台所有者都应该鼓励平台型创业模式，

---

① 刘家明，柳发根．平台型创新：概念、机理与挑战应对[J]．中国流通经济，2019（10）：51-58.

帮助应对平台型创业的风险与挑战。

首先，供给创业平台，培育创业生态。平台型创业的前提是创业平台的供给。创建平台是组织最高层的重任①。因此，供给创业平台，提供众创空间，培育创业生态，是政府相关部门或创业孵化机构的重要责任。在国家推出大众创业政策的背景下，前期工作重点是大力创建众创空间，促进创新型园区、创业型校区、创客型社区建设。不仅要为大众创业提供空间渠道、基础设施、融资渠道和共享资源，而且要注重集结创业要素，培育良好的创业生态环境。同时，要在全社会范围内营造创业精神、创新意识，形成创业氛围，让更多创业者进驻平台，共享优惠政策、平台资源、服务体系与创业网络。

其次，优化平台治理，改进平台服务。创业本身就是供求网络、社会网络的重塑，不仅需要服务体系的支撑，而且需要网络主体的合作治理。因此，创业孵化机构或政府相关部门在众创空间设计与布局时，应该有意识地在龙头企业、大型高新技术企业、知名高校和科研院所周围布局创业平台，共享这些创新组织的基础设施、科技资源、人力资源、信息资讯等软硬件环境，同时动员这些主体和社区组织参与创业网络构建，重视激发组织间的互动互补，整合创业资源，促进合作创业创新。此外，创业孵化机构或政府相关部门不仅要注重前期的宣传引导、教育培训、政策扶持和空间供给等公共服务②，而且要注重后期的专业化服务和市场化运作跟进，直至创业项目进入常规的资本化、企业化运作模式。

再次，放权让利，追求共赢发展。与基于价值链的封闭式创

---

① Michael A. Cusumano. Staying powder：Six Enduring Principles for Managing Strategy and Innovation in an Uncertain World[M]. London：Oxford University Press，2010：17-20.

② 胡天助. 瑞典隆德大学创业教育生态系统构建及其启示[J]. 中国高教研究，2018(8)：87-93.

新不同，平台型创业是一种基于价值网络的开放式合作创业模式，放权让利是平台型创业得以成功的基础。放权首先就要平台领导摆脱官僚封闭式思维，主动开放平台企业合约控制权和平台技术架构，吸引企业、大众入驻平台，让他们基于平台的空间载体和资源实现创业目标。创业者最关心的问题是平台上创业利益的分配，这直接关系着平台创业动机及创业行为的可持续性。平台的成长与获利来源于平台创业者的创业和成功。因此，平台所有者应树立“先人而后己”的精神，愿意成就平台上的创业者，为平台创业者的成功创业让路、让利，将平台的获利建立在创业者的成功之上，由此构建互利共赢的利益共同体。不仅要放权让利，创业平台还要懂得对创业者赋能，研究表明，这有助于提升创业绩效①。

最后，提升创业能力，管控创业风险。关键的创业能力包括平台机会把控能力、项目团队管理能力、创业关系网络能力、学习型创新能力、市场化运作能力等几个方面。平台型创业机会的识别、评估与把控是前提，要综合权衡平台规模及用户流量、平台业务的可操作性及收益、平台所有者的治理规则与服务支撑、平台间竞争格局与平台发展趋势等方面，以此把控平台创业机会。项目团队管理能力是基础，有助于整体规划、整合资源、化解难题。开发和维护创业关系网络能力是平台型创业的核心，重点是拓展顾客关系网络、产供销关系网络、中介支持网络与合作伙伴关系。学习型创新与市场化运作能力关系到创业项目的可持续经营、竞争优势的获取与利润的兑现。除此之外，还可以通过风险社会化、市场化机制来分散风险，如风险投资机制、风险担保机制、多元融资机制与债股转化机制。

---

① 周文辉，等. 创业平台赋能对创业绩效的影响[J]. 管理评论，2018(12)：276-283.

第五章 大学的平台组织建设与平台化转型

【本章摘要】

大学中的官僚制体制的弊端广受社会诟病，不断成为改革指向，却一直无法突破。置身于平台时代与平台革命浪潮，大学建设平台型组织是时代使命，也由其学术共同体属性与合作治理属性共同决定。大学平台型组织是通过教育治权的开放和供给侧教育资源的整合，促进多元利益群体之间协商互动、协作创新、合作供给的支撑体系与多边平台模式。大学平台型组织建设要摆正行政系统的角色和治理理念，对学术系统赋权释能，并激发学术创造力，提供治理支撑体系和平台服务，设置一种能够替代官僚制的多边平台模式和平台组织结构。

在平台时代，多边平台模式向各行各业推进。高校人才培养的多边平台模式实质是高等教育供给开放的合作治理模式，是平台革命的大势所趋，是对教育资源稀缺与供给侧改革的回应，是高校素质教育与开放式合作办学的必然。生产平台、技术平台等传统人才培养平台的转型与多边平台建设应该具备开放合作与平台型治理的理念，促进教育治权与资源的开放、提高平台上互动的质量、推动平台间互联互通。在餐饮外卖平台的冲击下，大学食堂的自主经营模式劣势明显、困境重重，因而平台化转型无疑是正确选择。平台化转型即把大学食堂转变为餐饮服务多元供给与合作共治的多边平台，以平台模式应对餐饮外卖平台的竞争。平台化转型旨在实现餐饮品的多元供给、餐饮服务的开放创新和食品卫生质量的合作共治，学校可以为平台运作提供支撑服务、促进良性竞争，并防范负外部性行为。

第一节　平台型组织建设：大学官僚制的突破

一、引言

组织是大学履行职能的载体，组织结构决定了功能的发挥和战略的实现；组织还是划分大学内外社会关系的单位，因此组织改革是大学秩序形成与治理变革的必经之路。在大学组织模式中，官僚制始终是大学的制度基础和主导性结构设置。随着组织规模的扩大和行政化的愈演愈烈，大学官僚制更是膨胀到无以复加的地步，甚至掩盖了大学的学术组织属性，严重侵蚀了大学的学术使命和学术功能。建立在官僚制基础上、行政控制导向的组织模式难以推动新时代大学的改革发展和治理的现代化。官僚制改革也一直陷入“精简—膨胀—再精简—再膨胀”的怪圈与困境，大学的去行政化改革仍然没有时刻表和路线图。因此，突破官僚制、寻求一种替代性的组织管理模式才是大学组织建设与治理变革的出路。

互联网与多边平台融合叠加引发的平台革命对传统组织及其运作模式产生了颠覆性影响和冲击①。为迎接平台革命的机遇与

① Sangeet Paul Choudary, Marshall W. Van Alstyne, Geoffrey G. Parker. Platform Revolution[M]. New York: W. W. Norton & Company, 2016: 16.

挑战，传统组织纷纷进行平台化转型。强调用户间交互、组织与环境交互的平台型组织引发了广泛关注[①]，平台型组织由此产生并流行起来[②]。官僚制组织已很难应对复杂多变的社会环境和多元化的用户需求，从商业模式发展而来的平台组织成为很多组织的转型需要与自觉选择[③]。在现实中，阿里巴巴、腾讯、海尔等平台企业的巨大成功使得平台组织及平台运作模式进入人们的视野。平台型组织打破了官僚制组织的边界，通过连接多边用户及其能力资源，并促进他们进行互动合作而实现价值创造[④]。平台正在成为一种普遍的行业组织形式，因为平台型组织能够创造价值[⑤]。平台型组织是释放用户潜能、激活员工活力的组织进化图景，更是打破官僚制的强大法宝[⑥]。置身于平台革命浪潮与平台时代的大学，也应积极建设平台型组织，释放学术活力，推进治理体系的现代化。

二、官僚制突破与大学的平台化潜力

我国的大学组织管理模式沿袭了计划经济体制下作为政府主管部门下属机构的制度惯例，带有浓厚的行政主导性与官僚制特

---

① Gawer A. Bridging Differing Perspectives on Technological Platforms: Toward an Integrative Framework[J]. Research Policy, 2014, 43(7): 1239-1249.

② Ciborra, C. U. The Platform Organization: Recombining Strategies, Structures and Surprises[J]. Organization science, 1996, 7(2): 103-118.

③ 张庆红，等. 新创企业平台型组织的构建与有效运行机制[J]. 中国人力资源开发，2018(9): 139-148.

④ 陈威如，徐玮伶. 平台组织：迎接全员创新的时代[J]. 清华管理评论，2014(7): 46-54.

⑤ Stabell CB, Fjeldstad D. Configuring Value for Competitive Advantage: on Chains, Shops andNetwork[J]. Strategic Management Journal, 1998, 19(5): 413-437.

⑥ 穆胜. 释放潜能：平台型组织的进化路线图[M]. 北京：人民邮电出版社，2018: 75-78.

征。当前，大学的官僚制组织模式主要呈现出如下特征：以秩序控制为职能重心，行政化倾向、官僚化色彩浓重，等级意识严重，党政权力与学术权力失衡，资源配置行政主导化，组织僵化、膨胀以及服务效率低下。在如今高度复杂的环境中，官僚制组织的弊端凸显。

（一）大学官僚制的困局及后果

官僚制广受社会诟病，其面临的困局表现在几个方面：首先，组织驱动力是领导权力及偏好，而不是用户需求。员工听领导的而不是听用户的，员工只有讨好上级的积极性。因此，很多官僚制组织跳不出员工被动工作和创新乏力的困境。其次，组织责任在领导，员工的责任很容易推卸到领导或制度那里，很显然在员工不负责任的组织中是不可能有活力和前途的。正是责任和权力都集中于高层领导，使得组织命运仅仅维系于英明的最高领导，于是什么改革和重大决策都需要顶层来完成。一旦最高领导疲劳就会出现拖延，一旦最高领导昏庸就会出现致命问题。再次，在官僚制组织中，“官大一级压死人”，下级唯上级马首是瞻，层级节制与控制取向的管理方式和单向垂直、文山会海般的沟通方式，很容易滋生官僚主义的作风和导致极低的工作效率，而且影响了士气。最后，在官僚制组织的下属部门，一方面追求“一切看上去不错”的光鲜外表，从而容易产生形式主义；另一方面，追求预算最大化的倾向容易产生部门本位主义，导致官僚自私自利，使整个官僚组织缺乏绩效。

大学的官僚制以及基于官僚制的行政化引发的后果主要体现在以下几个方面：

第一，行政等级与学术本位的冲突。官僚制组织是一个等级实体，形成了自上而下、逐层控制的垂直组织体系。而学术机构则不同，学者享有从事学术研究的平等权利与自由，通过传播知识、探究真理成为某一领域的知识权威，而非依职位高低显示其学术地位；大学不像行政组织那样表现为一个等级森严的结构体系，“它不是一个政治团体，其职责不是行政管理，而是发现、发表和讲授高深学问”①。其组织管理也应当以知识为基础。然而，深层的制度约束和利益驱动造成了大学组织的非学术化倾向：不以学术为导向和价值为判断标准，轻视、贬低甚至压制学术，学术组织运转非学术化——行政权力的干预②。

第二，工具理性与价值理性的冲突。官僚制的诞生是工具理性的产物，其核心就是最大限度地追求效率，追求秩序的稳定和权益最大化。依据工具理性原则建立起来的官僚制体系，强调管理过程的非人格化。而科研的本质是创造，科研活动需要宽容，需要降低组织化、程序化、形式化、官僚化程度，给学者以较大的学术自由。用工具理性的一套管理学术活动，必然违背大学的运行规律，与大学本应奉行的价值理性产生冲突③。

第三，高昂的管理交易与政治交易成本。层级繁多、结构复杂的大学组织结构在两方面增加了交易成本：一方面，众多行政机构增加了管理成本，我国大学中行政人员比重在30%以上，庞大的行政机构造成了职能交叉、多头指挥、效率低下等问题；另一方面，官僚制的组织结构使得层级繁多，增加了信息沟通成本，大学内部信息传递不畅，导致决策不民主和效率低下。而且大学的组织文化压抑着创新④。此外，学校职能部门与政府部门

① [美]布鲁贝克．高等教育哲学[M]．王承绪，等译．杭州：浙江教育出版社，1987：39.

② 王宾齐．中国大学组织结构非学术化的新制度主义分析[J]．国家教育行政学院学报，2010(11)：53-56.

③ 袁祖望，付佳．从官僚制到官本位：大学组织异化剖析[J]．现代大学教育，2010(6)：48-51.

④ 全力．高校组织模式存在的问题及其重构[J]．教育发展研究，2011(3)：59-62.

的对接，以及大学的权力、预算资源来自主管政府部门的批准、授予、干预与划拨，直接增加了大学与政府间的政治交易成本，甚至是寻租和腐败的成本。

（二）大学官僚制突破的基本思路

为了克服大学官僚制的弊端、走出官僚制的困局，尤其是抑制大学官僚制基础上的行政化倾向及其严重后果，党的十八届三中全会和《国家中长期教育改革和发展规划纲要（2010—2020年）》均提出“取消行政化管理模式”、建设现代学校制度的改革部署。以治理模式的自治化与法治化、运作模式的社会化与市场化、管理模式的去官僚化与民主化为主要内容的大学去行政化改革，必然触及大学组织模式的变革①。大学组织模式的变革是去行政化改革的基本内容和重要途径，也是推动落实大学行政化改革深入发展的执行力量和组织保障。为了推动高校去行政化和促进大学治理现代化，大学必须从组织管理模式、职能重心、结构设置、治理规则、权责体系、运行模式、组织文化等方面进行重大变革。治理模式的转型和职能重心的转移只有落实到机构设置、规章制度、权责体系、运作模式和组织文化的变革上才能真正实现，改革必然要形成新的组织系统、运行模式和治理机制。

突破大学官僚制必然要推动如下变革：组织管理模式由行政控制转向合作共治；组织职能由管理本位回归学术本位，职能重心上追求学术质量和学术竞争力而非高校级别、规模、预算资源的最大化或静态的稳定秩序；组织结构从垂直到平坦、从纵向一体化到网络化，组织形式从僵化到柔性，组织边界从封闭到开放；权力配置从集权到分权、从行政权力主宰到学术权力主导，

① 刘家明，巫春华. 我国高校非行政化改革：内容与特征[J]. 福建师范大学学报（哲学社会科学版），2010(4)：29-33.

资源配置相应地由行政主导到学术绩效导向；运行模式由孤立割裂转向整合协同；组织文化由官僚主义、集权主义、控制取向、官本位到人本主义、民主法治、服务至上、学术为本转型。其中，组织管理模式的调整最为根本，合作共治的理念更新是前提；大学组织职能重心的转移是核心，是履行大学宗旨、实现学术使命的根本途径。而突破大学官僚制的根本出路在于找到一种替代性的组织形态及运作管理模式。

（三）大学的组织属性及平台化潜质

组织是在特定的社会环境中，以分工协作为基础，为达到一定目标而组建的，由人员、目标、职能、机构、职位、权责、流程、制度等要素组成的，随着内外部环境的变化而演化发展并具有特定文化特征的开放系统。大学组织是培养高级人才和研究高深学问的地方，其性质和使命决定了学术性是它的本质属性。这种属性要求大学在进行组织机构设计时，要紧紧围绕学术主体，充分调动学术人员的积极性和学术创新活力。大学是高等教育服务的提供者、多元利益相关者组织和一种学术共同体，大学的合作治理具有逻辑自洽性，也是其科学发展与良治的基础条件[①]。大学的合作治理需要借助平台组织模式及其运作机制，推动学术的创新、生态系统的共治与学术共同体的发展。事实上，平台自身就是一个把多元利益相关者连接在一起互动合作的社区共同体，在推动共同体协作创新、合作共治的过程中发挥着“催化剂”“触媒密码”的作用[②]。

平台型组织日渐成为现代社会中一种影响深远的颠覆性组织

---

① 刘鸿渊. 大学组织属性与合作治理逻辑研究[J]. 江苏高教，2014(1)：18-20.

② David S. Evans, Richard Schmalensee. Catalyst Code: The Secret behind the World's Most Dynamic Companies[M]. Boston: Harvard Business School Press, 2007: 69-72.

形态及运作模式。在企业的战略转型与组织变革中，从平台商业模式演化而来的平台型组织已引起社会各界的密切关注。平台模式有助于打破组织的边界、突破资源与能力的约束，目前已广泛应用于各种不同的情境，虽然具体功能有所不同但是其连接各方的本质内涵始终存留①。不仅仅是企业，很多社会组织、公共事业组织均具有平台化的潜质或正在进行平台化转型，例如社区服务中心、残联服务中心等。公共产品自身就是一种潜在的公共平台②，在公共教育等人流汇聚之地完全可以借助平台模式的力量创造更多价值③。综上所述，大学的组织属性、治理属性、价值创造模式和平台时代的平台革命大势，共同决定了大学平台型组织建设的巨大潜力。

三、大学的平台型组织及其优势

任何一个组织要充满活力，就要解决人的积极性和人尽其才的问题，就要赋权释能，以激活个体力量；而要充满可持续竞争力，激活内部员工还不够，还需要通过网络连接、资源整合，激活更多的外部资源与能力，形成生态系统的体系竞争力。要实现这些目标，组织需要把自身打造成一个对内赋权释能、对外开放控制权并推动价值网络的广泛连接以及内外部协同的平台组织④。大学作为一种人力资本密集型的社会组织，更应该构建一个能够发挥知识精英作用以及推动社会资源广泛融合的平台组织。

---

① 王凤彬，王骁鹏，张驰．超模块平台组织结构与客制化创业支持[J]．管理世界，2019(2)：121-150.

② J. Sviokla and A. Paoni. Every Product's Platform[J]. Harvard Business Review, 2005, 83(3): 17-18.

③ 陈威如，余卓轩．平台战略[M]．北京：中信出版社，2013：279.

④ 刘绍荣，等．平台型组织[M]．北京：中信出版社，2019：1-3.

（一）多边平台与平台型组织的提出

平台概念具有多种释义，平台模式在现实中也具有多种应用情景。学者们分别从经济学、工程学、组织学、战略管理视角给予了不同的诠释。总的来说，平台有三类基本应用模式：产品生产平台、技术架构平台、双边（多边）平台，三类平台模式在工程结构上具有开放性的共同属性，但开放的对象和产权有所不同。相应的，平台组织建设也具有多维取向，实践中也不乏其混合形态。开放是分工协作的需要，因此平台组织是分工经济演进的结果，作为组织间分工的中间组织而存在①。平台无论以什么样的形式存在，诸如互联网平台、产业平台、交易平台、商业模式，其实质都是一种开放合作的思维与运作模式。平台型组织则是在"连接多边资源创造单独一边所无法创造的价值"的平台思维上衍生而来的②。

从组织生态学理论的视角，平台型组织的概念更应建构在多边（双边）平台概念及其理论基础上。连接双边市场的基础性产品、服务及组织均可称为双边（多边）平台。双边（多边）平台是将两类或更多类型的用户吸纳其中，并让其直接互动合作而创造价值的组织③。可以认为，平台型组织是双边（多边）平台的一种表现形态。在现实语境中，平台型组织更多地被认为是多边平台载体的提供者或平台业务的主办者。相对于管道式的自产自销或

---

① 周德良，杨雪．平台组织：产生动因与最优规模研究［J］．管理学刊，2015（6）：54－58.

② 韩沐野．传统科层制组织向平台型组织转型的演进路径研究［J］．中国人力资源开发，2017（3）：114－120.

③ Andrei Hagiu，Julian Wright. Multi-sided Platforms［J］. International Journal of Industrial Organization，2015（43）：162－174.

经销模式，多边平台是一种产品多元供给的运作模式[①]。因此，平台型组织是基于多边平台的产品多元供给、服务协作创新和合作治理的组织形态及其运作模式。

（二）大学平台型组织的模式与特征

大学平台型组织首先是相对于官僚制组织而言的，是一个连接用户与各方资源的生态系统，它将垂直管理转变为对多元利益相关者的治理结构。同时，它也是一种广义的平台组织，即介于市场治理与科层治理的一种混合治理形态，泛指以多边平台为主要业务的运作模式[②]。大学平台型组织可以兼容市场治理、社会治理与官僚制管理模式，既可以是内部成员的平台组织，又可以是外部利益相关者的合作治理平台。因此因服务对象的不同，大学平台型组织可分为内部和外部平台型组织。内部平台型组织是整合资源开发新业务、支持协作创新或借以孵化新组织、新业务的创新创业平台；外部平台型组织是将核心资源优势和平台价值与外部主体共享，为外部用户提供产品、服务和技术，并借以创新和合作供给的价值网络与产业平台体系[③]。广义的平台型组织模式，既可以为大学内部用户服务，又可以为外部用户服务。无论是内部还是外部，大学平台型组织一般有需求侧、供给侧的用户群体，以及把用户群体连接起来，并促进他们进行互动的治理规则与运行机制。

大学平台型组织的根本特性在于教育治权的开放性与多元供

---

① Rysman, M. The Economics of Two-sided Markets [J]. Journal of Economic Perspectives, 2009, 23(3): 125-143.

② 梁晗，费少卿. 基于非价格策略的平台组织治理模式探究[J]. 中国人力资源开发，2017(8): 117-124.

③ Gawer, A., M. A. Cusumano. Industry Platforms and Ecosystem Innovation [J]. Journal of Product Innovation Management, 2014, 31(3): 417-433.

给性、教育资源的整合性，以及共享性、供需多元主体间的交互性与共治性。平台型组织发挥着重要功能：汇聚资源并连接多元利益相关者，为他们之间的交互提供空间和界面、规则与服务。赋权释能促进着交互，并在交互中创造各种价值：学术的协作创新、高质量的人才培养、教育资源的高效利用、高等教育的多元供给与大学的良性治理。从价值创造模式来看，大学平台型组织的价值是由多元利益相关者共同创造的，他们都汇聚在平台上进行着直接沟通、交互与反馈，平台组织为互动提供信息筛选与甄别机制、匹配机制、激励机制、约束机制，能够提高匹配与交互的质量，大学及其师生群体乃至整个社会都可以从多元利益相关者的交互合作与参与治理中受益。

（三）大学平台型组织的比较优势

与官僚制组织相比，平台型组织具有去层级、去中心、去中介和自组织的特点[①]。因此，大学平台型组织有助于抵御行政化的侵袭，提升大学组织效率和激发学术活力。平台型组织赋予了成员更多的治权、责任和利益，使其在需求侧可以灵敏地获取用户的个性化需求，在供给侧可以灵活地整合各类资源和能力，激发员工和用户形成供需之间的高效连接和高质量互动[②]。大学平台型组织不仅仅利用自己拥有的有限教育资源，也不需要对自有资源拥有完整的产权，而是通过赋权释能授予外部用户生产和创新的权利，并且整合供给侧广泛的、分散的资源，由此可以打破大学的组织边界，汇聚无限的教育资源，并开发价值创造的新来源。因此，大学平台型组织更能调动校内外供给主体的积极性和

---

① Ciborra, C. U. The Platform Organization: Recombining Strategies, Structures And Surprises[J]. Organization science, 1996, 7(2): 103-118.

② 穆胜. 释放潜能：平台型组织的进化路线图[M]. 北京：人民邮电出版社，2018：103.

治理优势，高等教育的资源供给更加充沛、供需匹配更加高效，人才培养能更有效地满足社会和市场的需求。此外，在平台型组织中，多边用户间存在较强的多类网络效应。网络效应的激发，不仅能够促进用户间的相互吸引、互相满足，由此提升大学作为教育共同体的凝聚力，而且能够促进大学内外部用户间互动的正反馈循环和合作共治。最后，平台型组织具有较强的动态演化能力，有助于避免大学职能部门的封闭与僵化。

四、大学平台型组织建设的设想

建设大学平台型组织的目的在于促进教育资源与环境、供给与需求的匹配，推进高等教育产品的多元合作供给，尤其是推动大学学术活动的高质量互动与协作创新、改进大学的人才培养模式，推动高校治理的现代化。大学平台型组织建设必然绕不开行政系统和学术系统的关系重构问题。关系重构的核心是调动治理参与主体的积极性、发挥各自的治理优势，尤其是激发学术系统的活力与创造性。为了进行关系重构，首先要摆正行政系统的角色定位和治理理念；其次，要对学术系统赋权释能，激发学术活力与创造力；最后，大学平台型组织建设的突破口在于找到官僚制组织的替身，建构一种替代性的平台组织模式。

（一）行政系统的角色转变

平台型组织建设并不是要取缔大学内外的教育行政部门。政府教育主管部门、大学行政部门、学术机构、互补品供给者或互补服务运营者、师生群体都在一个动态的社会关系网络之中。在多边公共平台的社会网络中，平台成为其互动的结构与支撑体系，促进互动但不控制互动，通过提供服务、工具、规则和空间来改进互动质量。多边平台的价值创造模式基于水平连接的价值网络，而非垂直的指挥链或线性的价值链，实行的是多边与多方合作共治的生态系统治理[1]。政府教育主管部门是高等教育的主办者和治理的领导者，理所当然地要承担安排大学平台型组织治理规则的职责。

因此，教育主管部门需要由传统的教育生产者与运作管理者转型为合作供给的掌舵者、大学平台组织的主办者和治理规则的安排者，将对大学的直接管理转变为法治和宏观调控，扭转大学的行政化管理模式；要下放高等教育评价和监督考核等治权，健全高等教育治理体系，推动高等教育生态系统的合作治理。大学行政部门在平台型组织中是平台的承办者，是多边用户群体的联络者、服务者，负责为用户群体的互动和治理参与提供界面、空间、渠道与工具，促进并保障高质量的互动而非控制干预互动。因此，行政部门及人员必须摒弃过去那种行政集权、指挥命令、层级节制、控制取向的垂直管理和等级意识、官本位思想，取而代之的应该是赋权释能、平等协商、学术为本、服务导向的网络治理及水平思维与价值网络思想。

(二)赋权释能，激发学术活力

政府的平台领导与治理规则对公共平台建设影响重大，关系到平台组织建设的顺利程度，特别是治理权力的授予与下放是多边平台建设与治理的前提[2]。同时，在学理上，合约控制权(治权)的开放正是多边平台的核心识别标准[3]。在既有的高等教育行政化体制和大学官僚制环境中，大学平台型组织建设的首要目的就是通过赋权释能来激发学术系统的活力和学术的创造性。

---

① 刘家明. 多边公共平台的运作机理与管理策略[J]. 理论探索，2020(1)：98-105.

② 刘家明. 多边公共平台治理绩效的影响因素分析[J]. 江西社会科学，2019(7)：221-230.

③ Hagiu A. Merchant or Two-sided Platform[J]. Review of Network Economics，2007，6(2)：115-133.

首先，政府教育主管部门应向高校和社会赋予更多的高等教育治权，健全高等教育治理体系，致力于解决高校、社会、市场单方难以解决的共同问题，推动高等教育生态系统的合作治理。其中，下放高等教育的评价和考核等治权非常关键，因为长期以来，教育评估的指挥大棒指挥着高等教育资源的配置，是大学外部行政化的直接驱动力。

其次，大学内行政系统不仅仅要赋权，还要向学术组织释能，改进学术治理和评价体系，健全学术权责体系，完善学术规则制度，让大学回归学术本质。当前首先要打破行政考核学术的评价体系，让学术组织真正拥有学术决策权和监督评价权。同时，大学应该向平台型企业学习，积极利用市场和社会中的生态系统力量，通过开放式的合作创新，为人才培养、科学研究及互补服务增添价值。

最后，作为平台承办方的大学及行政部门要重视提供平台服务并为多元利益相关者的治理提供支撑体系。“服务而不仅仅是平台”，是平台组织运作管理的基本战略原则[①]。优质高效、低成本与人性化的一揽子整体性服务不仅有助于吸引多边用户群体进驻平台参与供给及治理，还有助于提升用户黏性、网络价值以及平台组织的竞争力。

（三）大学平台型组织的结构

大学平台型组织是连接高等教育生态系统中的多类相关利益群体，通过教育治权的开放和供给侧教育资源的整合，促进这些利益群体之间协商互动、协作创新、合作供给的治理支撑体系与

---

① Michael A. Cusumano. Staying Powder：Six Enduring Principles for Managing Strategy and Innovation in an Uncertain World[M]. London：Oxford University Press，2010：10.

多边平台运作模式。平台型组织运行模式可以把校内外供给侧的各类教育主体、研究主体、服务主体、资源主体和需求侧的师生连接在一起，让师生直接与供给侧的私营组织、政府机构、社会组织、其他教育机构及社会精英等主体互动合作，推行高等教育的合作供给、协作创新与网络治理。既有的大学官僚制组织及其职能部门要退居幕后，成为多边平台的主办方或承办方，“搭台但不唱戏”，撑台护台并提供后台服务，推动多边用户间的高质量交互与良性共治。因此，大学平台型组织实际上是多元利益主体参与治理的平台，也是供给侧教育主体学术合作与协作创新的平台。

在大学平台型组织内部，平台领导机构负责安排治理规则，在学术委员会的参谋下领导平台运营中心的运作。平台运营中心按照资源整合集成、治权开放共享的机制，根据实际需要创建各类实体子平台、虚拟子平台，见图 5-1。子平台由体现自身资源和能力优势的基础性产品或技术，对外开放的互补性产品、业务，以及将二者连接起来的标准接口和界面构成。这样的平台组织结构有助于保障平台的稳定性、业务的创新性和演化的敏捷性。每个子平台按模块化建构，使大学平台型组织成为资源整合聚集、开放共享并根据环境变化而动态演化的模块化系统。每个子平台或平台模块都可以按照“共享平台+不同价值创造体”的多边平台模式开展业务。不同的价值创造主体在大学平台型组织中相互吸引、互动合作、各施其能、互相促进，最后实现价值创造主体的相得益彰、相互满足、各得其所，在此过程中实现高等教育的多元供给、学术成果的协作创新和大学的良性治理。

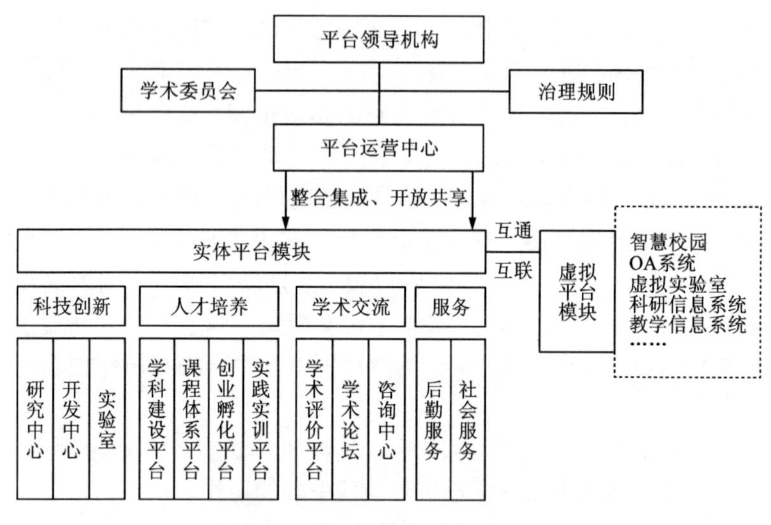

图 5-1 大学内部的平台组织结构

五、结论及意义

大学的官僚制组织模式直接导致了机构膨胀、组织僵化与服务低效，造成了资源配置的行政主导化，引发了行政对学术的控制与干扰，间接造成学术积极性和创造力的受挫，最终导致大学使命的偏向与学术变质的严重后果。因此大学官僚制必须被打破，这也是大学组织变革一直进行却尚未完成的使命。突破官僚制的关键是找到一种替代性的组织模式与治理机制。多边平台模式颠覆了传统组织范式，模糊了组织边界，使组织运作方式由内部转向外部聚焦，更加关注生态系统、价值网络、社群互动、合作共赢①。基于多边平台运作模式的平台型组织打破了传统的官

① ［美］马歇尔·范阿尔斯丁，杰弗里·帕克，桑杰特·保罗·乔达利. 平台时代战略新规则［J］. 哈佛商业评论，2016(4)：56-63.

僚制的桎梏，通过赋权释能与资源整合、提供治理支撑体系与平台服务、促进互动与合作共治，激发了组织内部和生态系统成员的治理积极性。因此，平台型组织正成为现代社会中一种极其重要的组织运作方式和治理模式。

大学的学术共同体的属性、多元利益相关者参与治理的属性和以学术创新与人才培养为使命的创造价值模式，决定了平台型组织建设的巨大潜力。在高等教育由大众化迈向普及化的阶段，置身于平台革命浪潮与平台时代之中的大学，更应该积极建设平台型组织，释放学术活力，推进大学的科学发展。大学平台型组织是连接高等教育生态系统中的多类相关利益群体，通过教育治权的开放和供给侧教育资源的整合，促进这些利益群体之间协商互动、协作创新、合作供给的治理支撑体系与多边平台运作模式。大学平台型组织既是内部成员的平台型组织，也是利益相关者的合作治理平台。

大学平台型组织建设的重心在于重构行政系统和学术系统的关系，调动发挥治理参与主体的积极性与能力，尤其是激发学术系统的活力与创造性。因此要摆正行政系统的角色定位和治理理念，对学术体系赋权释能，设置一种能够替代官僚制组织的多边平台模式和平台组织结构。平台型组织建设不仅有助于突破大学官僚制和遏制大学的行政化倾向，而且有助于促进高等教育的多元供给和协作创新，激发多元利益相关者参与治理的积极性，激发大学学术体系的创造力，因而有助于提升大学的治理能力、推进大学治理体系的现代化。最后，平台型组织虽是对大学官僚制的颠覆，但不是完全的替代。如何在现实中寻求二者的平衡，实现二者的分工协作，实现官僚制基础上的平台组织模式嵌入，推动市场治理、社会治理与官僚制模式的融合，发挥各自的治理优势，是有待进一步研究的重要理论与实践问题。

第二节　高校人才培养平台模式及其向多边平台转型的思考

进入21世纪后，平台革命席卷全球，平台经济迅猛崛起，平台时代已然到来[①]。在平台时代，各个行业很多组织都在开展平台建设或进行平台化转型。在高等教育领域，各类平台也层出不穷，诸如教学平台、科研平台、学科或专业建设平台、实验平台、学生实践或实训平台等类型的平台建设如火如荼。尤其是在互联网技术的推动下，各类管理平台、业务平台、服务平台、网络教育平台等互联网平台如雨后春笋般涌现。此外，在大众创新、万众创业的背景下，很多高校纷纷设立推进创新或创业的孵化平台、融资平台、培训平台。一时间，各类人才培养平台建设风靡校园。但平台概念泛化、类型庞杂，造成了平台定位不清或建设逻辑不明，甚至使得有些平台名不副实、有些平台效率低下、有些平台成为孤岛。我们不禁在想：高校中的人才培养平台有哪些基本类型和运作模式？这些模式运作得怎么样？平台模式之间应呈现出怎样的演进逻辑？未来的发展方向在哪？事实上，高校的平台建设起源于20世纪90年代，在21世纪初，互联网平台开始兴起。发展到今天，在平台经济时代，传统平台与新兴平台混杂。在此背景下，高校的人才培养平台模式的梳理、演进与转型便成为有待研究的重要问题。

---

① Sangeet Paul Choudary, Marshall W. Van Alstyne, Geoffrey G. Parker. Platform Revolution: How Networked Markets Are Transforming the Economy & How to Make Them Work for You[M]. New York: W. W. Norton & Company, 2016: 6.

一、高校人才培养传统平台模式及评价

哈佛大学的 Carliss Baldwin 和 Jason Woodard 认为，商业组织的平台有三种基本类型：生产平台、技术平台、双边(多边)平台[①]。从系统论和一般管理原理的角度看，包括公共组织在内的各类组织都是以一定的运营及供给模式将投入转化为产出的社会协作系统。为了顺应经济社会的发展和技术革命的浪潮，必然需要组织的技术创新、产品创新与供给模式创新。当组织需要大批量、柔性化的生产、技术的协作创新或整合外部资源实行开放式供给时，组织的运作过程及其社会协作就变得十分复杂，因而产生了对平台支撑体系的需要。20 世纪 80 年代诞生的产品生产平台和 90 年代诞生的技术平台以及 21 世纪的多边平台皆是如此。基于此，笔者曾认为公共组织的平台建设也包含这三种取向[②]。高等教育的人才培养模式从实现大众化教育发展到今天的接近普及化的阶段，平台支撑体系发挥着重要的作用，而且平台支撑体系也在演化发展之中。通过回顾 20 世纪 90 年代以来中国高校的人才培养平台形态，我们也发现了类似的三种基本平台模式。为此，我们先来探讨两类传统的人才培养模式：生产平台与技术平台。

(一) 人才培养的生产平台模式

生产平台是一个产品系列所共享资产的集合[③]，是一系列核

---

① Carliss Y. Baldwin, C. Jason Woodard. The Architecture of Platform: A Unified View [R]. Working Paper, Harvard University, 2008.

② 刘家明. 公共平台建设的多维取向[J]. 重庆社会科学, 2017(1): 29-35.

③ Robertson, David, ,Karl Ulrich. Planning for Product Platform[J]. Sloan Management Review, 1998(2): 19-31.

心子系统与相关接口构成的共享基础架构[1]，是开发和生产系列相关产品的共有结构[2]，它以在共有结构基础上的模块化为核心特征。共享的基础架构可以确保产品生产的标准化和大批量，而模块化可以促进产品多规格、柔性化生产。因此，生产平台是组织依靠自己拥有的资源能力和生产技术来进行批量化柔性生产的生产工具体系。

在高校，尤其是进入高等教育大众化阶段的高校，“平台+模块”的人才培养模式十分普遍。这种生产型平台模式主要表现在以下方面：一个专业不同方向之间共享的由基础课、核心课+专业方向课、选修课平台、特殊需求课、实践课构成的课程体系平台；多个相关专业的共享学科建设平台、专业群课程平台、实践教学平台等大专业平台；多个相关学科(如工科、文科)共享的综合实验平台、综合实训平台；多个学院乃至全校共享的选修课程平台、实践教学平台、人才质量工程(平台)、平台创新课程体系、创业孵化平台等。这种平台模式的特征是依靠学校、学院或某学科的师资力量、基础设施、教研设备、学科基础等自有资源，实现不同专业方向之间、不同专业之间、不同学科之间甚至不同学院之间的共通、共享、共有基础架构，在平台的基础上实现资源共享与能力整合，在模块化的基础上保留差异性与特色。

(二)人才培养的技术平台模式

技术平台是为不同产品和不同应用系统从开发、测试、运行到管理等过程提供支持的底层平台[3]。技术平台同样基于一定的

---

① Mare H. Meyer, A. P. Lehnerd. The Power of Product Platforms[M]. New York: Free Press, 1997: 3.

② 张小宁. 平台战略研究述评及展望[J]. 经济管理, 2014(3): 190-199.

③ 冀勇庆, 杨嘉伟. 平台征战[M]. 北京: 清华大学出版社, 2009: 131-132.

开放共享标准、共通的技术基础构架和支撑体系[①]。技术平台强调技术的体系性、集成性以及在此基础上对组织业务流程的技术支撑性，是以开放共享和集成通用为核心特征的技术构架。

在信息技术时代，尤其是随着互联网的推广普及，高校人才培养的技术平台大量涌现。当前，这些技术平台一般是信息技术支撑体系，如网络学习平台、在线测试或考试平台、学籍信息系统、学生网上评教信息系统、图书馆信息系统、教学或科研数据库、翻转课堂、互联网络及其他相关的学习辅助应用系统等。技术平台为教师的教学科研和人才培养提供了虚拟空间和技术支撑。技术平台建设方式主要有三种：一是高校依据自有技术资源和能力进行自主开发，如华南农业大学开发的基于慕课（MOOC）资源的大学生网络学习平台、辽宁师范大学开发的基于分类培养教学模型的网络平台、桂林电子科技大学构建的线上线下综合实践平台；二是购买第三方的平台技术服务，如中国知网服务平台、方正教学平台、EduSoho 网络教学平台、网上实验教学平台、网上案例教学平台；三是以委托或外包方式建设的慕课（MOOC）学习平台、实验室信息化平台、教师的网络课程学习平台。

（三）对人才培养传统平台模式的评价

传统的生产平台在汽车、电视、冰箱、钻井施工等传统加工制造业取得了显著成效，到 20 世纪末 21 世纪初推广至高等教育领域。这一推广应用恰巧伴随着高等教育大众化的历程，于是高校人才培养的生产平台成为高等教育人才批量化、柔性化培养的支撑结构和运作模式，进一步推动着高等教育大众化的实现。生产平台打通了不同专业（方向）之间、不同学科之间的壁垒，通过

---

① Kevin J. Boudreau. Open Platform Strategies and Innovation: Granting Access vs. Devolving Control[J]. Management Science, 2010, 56(10): 1849-1872.

共有基础知识结构，实现了资源的整合共享，避免了培养资源的重复建设及投入，同时给予了学生学习不同专业方向(模块)、不同课程类型的选择权利，因此提高了人才培养的资源利用效率，在大批量、大规模培养学生的同时保留了人才质量差异化、特色性的一定优势。但是，建立在“象牙塔”内部的平台并没有推倒学校的“围墙”，只是利用了高校自有的有限资源和能力；平台的开放性、互动性与主体的能动性仍显不足，结果是与迅速发展的平台时代和技术革命相脱节，大学生的素质教育、实践技能教育并没有显著的改善。

高校人才培养的技术平台建设无疑是信息技术革命的结果，一定程度上迎合了信息时代人才培养的需求。这些技术平台赋予了教学资源开放共享的权利，并通过网络把高校内外的资源连接起来互通共享，打破了学生学习的时空限制，扩宽了学生的学习渠道，方便了师生间的虚拟交流。但是，高校的各类技术平台建设投入巨大，甚至重复建设严重。信息技术平台在为管理和服务提供便利的同时，也使师生穷于应付各类技术平台上大量繁杂的事务处理与信息沟通。技术平台很容易沦为行政控制的工具，改进了行政管理效率却使师生淹没在爆炸的信息之中。而且，有些高校利用技术平台把课程搬上网络的做法只是提高了教学资源本身的使用效率，而教学质量并不会得到改进，因为缺乏互动反馈和积极思考的教师静态教学与学生被动学习模式实则降低了培养质量。因此，师生的主体能动性、在平台上的互动性并没有根本的提高，学生并没有变得更会学习、更会思考。相反，网络抄袭变得更加流行，“低头族”现象变得异常严峻。

二、高校人才培养多边平台模式的提出

(一)人才培养的多边平台模式：概念及实质

双边(多边)平台理论对组织模式变革、供给模式转型产生了深远的影响。哈佛大学的 Hagiu 教授认为，双边(多边)平台是使两类(多类)用户群体纳入其中并促进其直接互动合作而创造价值的组织[①]。在高等教育领域，生态系统更加复杂，供给与治理主体多元，“多边”比“双边”更加合适。不仅仅表现为任何能够连接多类外部群体并促进其互动的空间、载体、渠道等落地形态，诸如技术、产品、项目、基金、基础设施、组织等均可以是多边平台的表现形式[②]。在高校中，多边平台具体表现为以下方面：引入了外部主体来施教的开放课堂、素质教育课程、就业创业及考试等各类培训中心、开放式实验室，引入了校外主体来协作的实习实训及实验基地、图书馆等，引入了校外主体来促进创新的协同研究中心、创新与创业中心等，引入了校外主体来促进交流的学术论坛、讲座、交换生项目、专业或学科建设项目等。

高校人才培养的多边平台模式是高校连接高等教育生态系统中的多边群体，通过治权开放和供给侧教育资源的整合，促进这些群体与学生互动，从而进行人才培养的运作体系，其结构见图5-2。多边平台把校内外供给侧的各类教育主体和需求侧的学生连接在一起，让学生直接与供给侧的企业、社会组织、政府机构、其他教育机构及社会精英等主体互动合作，在此过程中接受指导、开发自我、实现成长。高校多边平台的根本特征是教育权利

---

① Hagiu, A. Merchant or Two-sided Platform[J]. Review of Network Economics, 2007, 6(2): 115-133.

② 刘家明. 以双边平台为重点的公共平台分类研究[J]. 广东行政学院学报, 2017(2): 10-15.

的开放性、教育资源的共享性与供需主体间的互动性，同时具备一般多边平台的其他特征：可重复使用性、动态演化性、互联互通性①。正是多边平台的社会网络结构及其优良属性降低了用户交互合作的成本，促进了教育品的多元供给与协作创新。

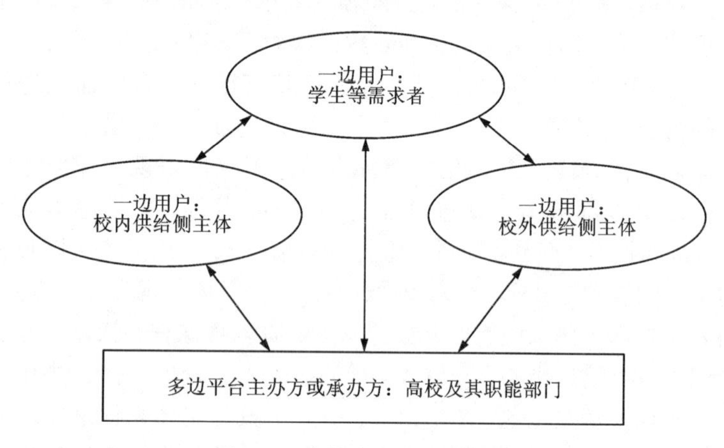

图 5-2　高校多边平台的结构

在多边平台模式中，高校并没有因为开放了部分教育供给权及相关治权而放弃了人才培养的责任，而是为这种平台模式提供治理规则与互动机制，而且要吸引供给侧教育资源的引入、促进教育供需者之间的互动，并致力于提高人才培养的互动质量。具体来说，高校在多边平台模式中是平台载体的提供者、平台性教育事务的主办者或承办者、多边用户的联络者，尤其是校外供给侧主体的召集者、合作供给与多元治理的规则安排者，高校以第三方甚至第四方的身份作用于直接交互的施教者与受教者。因

① 刘家明，等. 多边公共平台的社会网络结构研究[J]. 科技管理研究，2019(4)：246-251.

此，在多边平台运作模式中，高校及其职能部门具体要做好四件事：一是拉动与吸引教育供需两侧的用户，并把他们连接在一起，二是通过提供服务与降低成本来促进他们之间的各类交互，三是通过治理规则、供需匹配、监督评价、风险防控来提升交互质量，四是在用户间的成功交互中履行自己的职责、兑现用户的价值，以实现多元利益相关者的相互满足与合作共赢。

综上所述，多边平台模式实则是一种多元主体合作供给与协作创新的组织范式与运作战略，是生态系统成员基于平台价值网络的合作共治模式。因此，基于多边平台的人才培养模式利用了高校提供的或供给侧某组织提供的平台载体、空间、基础设施及互动机制，以教育供给与治权的开放为前提，在教育资源整合与共享的基础上，基于一定的合作治理规则开展的多元主体合作的人才培养模式。因此，高校人才培养的多边平台模式实质上是一种开放式互动型的教育合作供给与治理模式。

(二) 人才培养多边平台模式的特征——兼论三种模式的比较

多边平台的核心识别标准是合约控制权的开放，网络效应也是其核心特征[①]。所谓“合约控制权”在这里指的是教育资源供给权、供需主体互动过程及方式的选择权、与人才培养相关的监督评价等治理权利。如果没有这些权利的开放，外部主体就没有进行人才培养的机会和动机，高校将再次回到传统的自主生产与管控型的封闭式人才培养轨道。所谓“网络效应”就是在平台价值网络中各类供需主体彼此依赖、相互吸引、互相促进的良性循环及其效果。因此，多边平台网络效应的激发能够更好地促进供需匹配、互动并提高互动式人才培养的质量。总之，多边平台模式

---

① Andrei Hagiu & Julian Wright. Multi-sided Platforms [J]. International Journal of Industrial Organization, 2015(43): 162-174.

的治权开放与网络效应等核心特征整合了教育供给侧资源，发挥了高等教育多元主体合作供给的优势，并赋予了学生更多的消费选择权利；同时，把供给和需求紧密地连接起来，实现高质量的匹配与互动。因此，高校的人才培养更容易满足市场和社会的需求。

多边平台模式不同于管道式人才培养的生产平台模式，后者只有唯一的、线性的高等教育供应链，只能依赖于高校自有的资源与能力。自产自销的、封闭保守的生产平台模式很容易造成高等教育与市场、社会与国家的需求脱节。多边平台模式也不能简单地等同于经销或外包模式，例如高校购入知网服务、慕课资源，区别在于多边平台模式通过赋权释能，可以让供需双边用户直接互动合作[①]，而在经销或外包模式中，高校仍然牢牢把持着人才培养过程的互动控制权。多边平台模式也不同于供应链垂直整合模式——供给侧成员的加盟或合并，而是一种价值网络模式，在价值网络中，教育供给主体各施其能、各取所需，供需主体合作共赢、相得益彰。多边平台模式还不同于单纯的技术平台模式，后者让学生与冷冰冰的机器或信息系统交互，让学生沦陷为“低头族”或淹没在爆炸的信息之中。

（三）人才培养多边平台模式的必要性

首先，人才培养多边平台模式是平台时代与平台革命的大势所趋。在平台时代，多边平台已成为组织的新范式，平台模式加速了世界平坦化的进程，必然冲破象牙塔的禁锢。平台时代呼唤教育资源的开放共享，呼唤教育产品的合作供给，呼唤教育事务的合作共治，呼唤人才培养的协作创新。在平台革命的驱动下，

---

① 穆胜．释放潜能：平台型组织的进化路线图[M]．北京：人民邮电出版社，2018：103.

企业组织和社会组织纷纷进行平台化转型①，平台革命必然向教育领域推进。

其次，人才培养多边平台模式是对高等教育资源稀缺与多元供给状态的回应。在20世纪及以前，一个社会的知识精英几乎都流入了高校及研究机构。彼时，高校可以像象牙塔那样凭借相对充分的自有资源和教育能力进行人才培养的精英教育。时至今日，大量的社会精英流入了企业(尤其是金融机构)、政府等组织。因此，高校的教育资源是密集的，但是有限的、不充分的，也不一定是最优的，高校难以满足高等教育大众化和社会精英生产的双重使命。而多边平台模式提供了教育供给侧改革和资源整合的操作框架，有助于推动高等教育多元主体的合作供给，促进市场力量和社会资源更多地投入高等教育领域。

再次，人才培养多边平台模式是高校开放式合作办学的必然。高校开放式合作办学必然需要借助一定的载体、空间与渠道，更需要一套运作模式和治理规则。多边(双边)平台本身就是双边市场的空间载体与运行机制，融入了政府、市场与社会三重机制②，必然成为高等教育市场化、社会化的落地形态。多边平台模式把供需两侧的用户连接在一起，同时产生了供给侧规模经济和需求方规模经济，而且降低了供需两侧主体互动合作的交易成本。

最后，人才培养多边平台模式是高校实践教学和素质教育的需要。时代在发展，技术在更新，市场在变化，对人才的素质与能力需求也在演化。唯有开放合作的办学模式才能跟上时代的节奏和市场的变化。高校中的理论教学平台、实践教学平台、实验教学平台、就业服务平台、创业创新教学平台及各类培训教育都

---

① 陈威如，刘诗一．平台转型[M]．北京：中信出版社，2016：1.

② Tim O'Reilly. Government as a Platform[J]. Innovations, 2010, 6(1): 13-40.

要致力于大学生素质教育的培养和实践技能的提升。高校的见习实习、实验实训等实践教学环节以及高校的职业规划、理财教育、创新创业教育等素质教育内容被纳入多边平台模式后，能够更好地迎合时代的发展和市场的需求。

三、高校人才培养模式向多边平台转型的思考

基于三种人才培养平台模式——生产平台、技术平台与多边平台——的比较分析和多边平台模式的必要性分析，我们认为在平台时代，高校的人才培养模式完全可以通过平台转型，借助多边平台模式的力量，撬动并整合教育供给侧资源，来开展人才培养并提高教育质量。但在现实中，高校及其主管的政府部门不一定能接受开放合作与平台型治理的理念，可能担心教育供给责任与秩序的失控，可能担心教育质量的下降，可能盲目自信而封闭保守甚至排外，更有可能担心相关权力的滥用、流失。因此，确立新的办学理念与推动教育治理改革是前提。最重要的是，高校的人才培养平台转型始终要致力于提高教育互动的质量和效果，否则转型毫无意义。此外，传统的两种平台模式也有自己的用武之地，三种平台模式如何和谐共生、各施其能而又相互促进、兼容共通，给教育治理与技术变革带来一些挑战。为此，笔者就办学理念、供给侧教育治权改革、平台交互质量与教育效果、高校传统平台的转型与混合平台建设等方面进行了思考，并提出了一些建议。

（一）确立开放合作与平台型治理的办学理念

首先，不可否认的是，高校已不再是录取—培养—输送学生的线性价值链条和封闭管道，而是整个社会人才培养价值网络中的重要一环。高校要向政府、产业和地方社会培养输送有价值的人才，就要接入他们的反馈回路，就要与市场和社会接轨，就要

吸收整合他们的教育资源和供给能力，就要懂得开放合作的办学理念，自然就要搭建开放合作的空间载体及其治理模式——基于多边平台的多主体合作供给与治理模式。高校要引领社会发展，首先自身要有先进的治理模式与办学理念。

其次，平台型治理的基本目标是实现平台生态系统的整体效能与共同利益最大化，而不是平台主办方、承办方或其他单一成员的效能最大化[①]。在高等教育现实中，高校可能充分利用了自有资源，同时也在全力培养学生，但仍然摆脱不了失业率居高不下、学生素质不断滑坡、专业理论与实践脱节、学校与市场脱轨的尴尬局面。在平台时代，仅凭生产者——高校的一己之力产生的竞争力敌不过平台生态系统产生的整体竞争力。无论国内还是国外，最有竞争力的高校都充分利用了校外的产业资源、政府资源、校友资源、社会资源以及其他高校或其他合作伙伴的资源。

最后，平台型治理从高等教育需求和供给之间的连接点创造契机，在推动校外人才培养者更好地提供产品、更好地创新服务的同时，高校同样履行着自身的使命与责任。在平台型治理模式中，高校等平台主办方的角色是教育供给及相关治权的授予者与规制者、平台参与成员的召集者与联络者、供给侧资源的整合者与供需主体的匹配者、人才合作培养与互动质量的促进者与服务者，需要授予权力、激发动机，以此推进其他主体改进人才培养的过程方式，进行各项创新努力。

（二）开放多元供给的教育治权与共享资源

人才培养多边平台模式的前提是平台资源及其治权的开放，其中的重点是高等教育治理和教育品供给权力的授予与开放。平

---

① 刘家明. 平台型治理：内涵及缘由［J］. 理论导刊，2018（5）：22-26.

台的开放包括平台结构和治理规则的开放[①]，不仅意味着平台空间与基础设施的开放、相关数据及信息渠道的开放，而且还需要平台建设、运作及管理相关规则的开放。因为平台不是控制的结构，也不是干预的机制，而是多元主体互动的支撑结构与合作模式。高校教育平台治权的开放还包括教育资金及其供给的开放共享，教育产品及互补服务的开发与供给权利的开放，成员参与平台运作及管理的相关知情权、话语权、决策权以及沟通协商、监督评价等治权的开放。平台治权开放过程中最重要的是平台利益的激励兼容与开放共享，因为公平合理地分配利益才能实现生态系统的长久繁荣，实现平台型治理的可持续发展[②]。高校的平台型治理也要懂得放权让利，放权让利的对象不仅仅是校外的供给侧主体，而且首先应向校内的学术系统、学术机构放权，因为他们最可能是教育与学术事务平台的承办者。

人才培养的多边平台模式就是要吸引高校外部的多元利益主体、优势资源主体进驻到高校的各类平台空间，提供产品或服务。平台空间可以是学术会议中心、就业指导中心、学科发展平台、创业孵化中心、创新基地、服务中心、学术论坛、实验室、图书馆、研究基地等。平台的开放方式：一是提供开放性，即向外部群体提供自有的空间载体、基础设施、师生用户、业务内容、信息资源、技术基础，具体形式可以是免费开放内容、支持技术或教育服务，也可以是向外有偿提供使用权；二是接入开放性，即引进外部的资源与能力，在权衡主体间的比较优势和开放合作的交易成本的基础上，重点考虑外部主体的培养方式与创新性，

① [美]马歇尔·范阿尔斯丁，杰弗里·帕克，桑杰特·保罗·乔达利. 平台时代战略新规则[J]. 哈佛商业评论，2016(4)：56-63.

② [美]戴维·S. 埃文斯，理查德·施马兰奇. 连接：多边平台经济学[M]. 北京：中信出版社，2018：35.

以及它对本校教育模式、特色的支持。

(三)提高平台上互动的质量与教育效果

多边平台主要是通过供需匹配、促进互动而创造价值的，互动质量直接决定了平台的价值和吸引力①。高校的人才培养平台转型不是为了追时尚、赶时髦，提高高等教育供需两侧用户间的交互质量与教育效果才是根本。高校平台不能简单地将其资源与治权开放了事，否则资源滥用、平台拥挤、搭便车等“公地悲剧”造成的平台失灵及负外部性等机会主义行为等风险会接踵而至。因此，开放必然伴随着管制。平台治理规则的设计与平台方的主动监管有助于减少负外部性行为、提高合作质量②。高校教育平台如果过于开放，容易导致参与主体参差不齐，难以监管教育质量，还可能导致教育产品碎片化。

多边平台人才培养模式更需要注重互动质量，这不仅关系到人才培养效果，而且关系到高校的声誉。以下几条途径有助于提高平台上的互动合作与人才培养质量：第一，进入规制，通过对教育供给主体的身份鉴定、资质审查或引入公开招投标程序，对其进行过滤、筛选和优胜劣汰；第二，过程规制，对互动流程的公平性、透明性、回应性、互动性等特征以及产品或服务的价格、规格、质量等方面的要求进行规范；第三，通过治理规则的设计，诸如进入竞争机制、下放监督评价权力(例如将平台交互的质量和绩效交给参与的师生评价)，实现参与者之间的相互监督，评价彼此的质量，这有助于高等教育生态系统的自治；第四，不仅

---

① Sangeet Paul Choudary, Marshall W. Van Alstyne, Geoffrey G. Parker. Platform Revolution: How Networked Markets Are Transforming the Economy & How to Make Them Work for You[M]. New York: W. W. Norton & Company, 2016: 49.

② David S. Evans. Governing Bad Behavior by Users of Multi-sided Platforms[J]. Berkeley Technology Law Journal, 2012(27): 1201-1250.

仅是规制，高校还可以改进平台服务、优化互动流程、降低合作成本，并与优质的教育供给主体结成长期合作伙伴关系，以此致力于提高人才培养质量。

（四）推动传统平台的转型、嵌入与平台间互联互通

通过对高校人才培养的三种平台模式的比较，我们知道三种平台都具有一定的开放性，只是开放的方向与程度不同；都具有一定的动态演化性，因而可以在一定条件下相互转化，从而为平台转型提供可能。根据多边平台的核心识别标准①，生产平台、技术平台等单边平台只要将教育供给及相关治权开放给外部其他主体，就能够转型为多边（双边）平台。单边平台向多边（双边）平台的转型同样要具备开放合作与平台型治理的理念、向高校外部开放教育治权与资源、提高平台上互动的质量。

除了转型，高校传统的单边平台还可以嵌入到新型的多边平台模式中，成为一种混合平台网络。在这种混合平台网络中，高校不仅可以依靠自有资源和能力在既有生产平台、技术平台上自主开展工作，还可以借用外部资源开展自己做不了、做不好的教育与学术工作。这些不同平台之间既需要分工协作、各施其能，又需要无缝对接、兼容共享，发挥高校内部和外部教育主体各自的比较优势。高校自身不可能成为专业化的、单纯的第三方平台运营者（像阿里巴巴那样的平台运营商），因为高校自身的使命决定了它在人才培养中不可推卸和必须亲力亲为的教育责任。因此，人才培养的生产平台、技术平台与多边平台共建、共享的混合平台模式是高校平台建设与平台演进的必然方向。

最后，高校的传统单边平台、新型多边平台、混合平台之间

---

① 刘家明．公共平台判别标准研究：双边平台界定标准的引入［J］．云南行政学院学报，2018（5）：116-121．

以及它们与高校外部主体主办或运营的平台可以互联互通。高校外部主体的平台有很多：一是政府主办的科技园、产业园、经开区、创新创业中心、人才交流中心、政策研究中心、示范基地、智库平台等；二是其他高校主办或联合创办的平台，如高校联盟、图书馆联盟、学科发展联盟、研究中心、协同创新中心、学术论坛等；三是企业主办的产学研合作平台、基金平台、融资平台、协同创新中心、孵化平台、研究中心、人才培养平台等；四是社会组织平台，如枢纽性社会组织及其服务中心、社区社工服务中心、志愿组织、慈善组织等。教育平台间的互联互通不仅可以实现平台间的对接兼容、资源共享，高校还可以把自己的老师和学生引出去，进入政府、企业、社会组织和其他高校主办或运作管理的平台，开展教育培训、科学研究、考察交流、实践实训等互动活动。

第三节　餐饮外卖平台冲击下大学食堂的平台化转型

一、问题的提出

随着移动互联网及电子支付的普及，O2O 平台模式逐渐兴盛，近年来在餐饮行业发展迅猛。在此背景下，大学食堂也遭受了外卖平台模式的冲击。“饿了么”“美团”外卖等餐饮平台纷纷进驻校园，并占据了较大的市场份额。尤其是 2015 年以来，餐饮外卖平台得到阿里、腾讯、百度、大众点评等平台巨头的资金和平台网络支持，发展势头特别迅猛，对开展实体经营的传统餐饮店和大学食堂造成了一定程度的冲击，甚至造成了大学餐饮集团亏损。

（一）餐饮外卖平台对大学食堂的冲击

大学生就餐时不仅追求餐饮食品的多样化、体验性、风味性，而且要求餐饮服务更加人性化、便捷、柔性。餐饮外卖平台的出现加剧了供需矛盾，大学食堂如何向大学生提供满意的餐饮服务并维持盈亏平衡，是当前急需解决的经营难题。

餐饮外卖平台通过网络把学生和餐饮企业连接起来，学生可以轻松地选择喜好的餐饮品种，可以随时随地下单、收货，极其方便。调查显示，不愿外出、实惠促销、选择多样、味道好、方便快捷、时间节约、饮食分量充足是学生选择餐饮外卖平台的主要原因。学校周围的餐饮企业纷纷加入外卖平台，平台加盟店越来越多，对学生消费的吸引力也越来越大。外卖平台的诸多优势造成了大学食堂就餐学生的流失，甚至造成了食堂亏损的情况。学生的投诉食堂的现象越来越多，学生的不满主要表现在菜品种类过少、价格过高和经营时间不够灵活上。

（二）改进自主经营模式的困境

如果大学食堂选择保持自主经营模式，就要思考如何改进经营模式和经营策略，克服自身劣势，以应对餐饮外卖平台的冲击。食堂最大的劣势是依赖学校自身的有限资源能力，难以满足学生多元化、灵活便捷的需求。面对餐饮外卖平台造成的食堂亏损经营局面，学校不可能无止境地对食堂进行补贴。那么为了弥补亏损，是选择涨价还是降价，或是选择改进食品质量还是降低食品质量，这都是两难的选择。因为外卖平台致使到食堂就餐的人数减少，造成了食堂赢利减少，甚至造成了亏损。赢利的减少和亏损使得食堂减少投入、降低成本，继而减少饭菜品种、降低饭菜质量，进一步引发学生不满，而更多地选择外卖平台。如此循环往复，更容易造成平台越来越强大，而食堂经营愈加困难的恶性循环局面。若是通过提高价格来弥补亏损则更加困难，因为学生的需求价格弹性比较高，而且餐饮外卖平台提供了太多的替代品。

(三)经营模式转型的困境

选择经营模式转型要面对如下困境。

第一，观念与制度困境。很多大学仍然把后勤部门及其主办的食堂看成是自己的下属部门，从而按照行政化、官僚化的管理模式来办食堂。大学主办食堂、供给餐饮服务是义不容辞的责任，但不能在观念上误认为主办就是运营管理，也不能误认为供给就是生产，更不能认为管理就是控制。大学办食堂，也需要遵循市场经济规律、专业分工原理与开放合作的共治模式，而不是计划经济体制下的大包大揽与管控模式。

第二，权利困境。行政化的管控模式背后是垄断权利和既得利益。这些既得利益者无疑是转型的最大障碍。首先，按行政化模式运行的大学后勤部门，其管理者由行政任命产生，实行行政集权与层级节制，形成了官僚利益集团。他们谁也不愿意轻易放弃自己的权力及利益。其次，大学食堂的自主经营无疑属于垄断经营，把持着食堂经营管理各个环节的经营控制权。因此他们最有动力阻止食堂的经营权开放与模式转型。最后，大学后勤集团并没有完全地实现自负盈亏、独立核算。如果有赢利，就有奖金和分红；如果亏损，学校就有财政补贴，自然也就没有经营模式转型的动力。

第三，责任困境。大学承担着所在学校餐饮服务供给的最终责任，如果校园内出现了饮食质量安全事故，校领导负有领导责任。因此，大学食堂自主经营和管理控制，可能让学校领导更“放心”，认为责任更可控。换句话说，将食堂经营控制权交由其他组织，学校可能产生不信任感，害怕失去控制，或担心承担连带责任。笔者组织调查了某个大学的学生食堂，尽管食堂年年亏损，学生抱怨饮食品种少、口味差，但校方仍然以“担心”食堂饮食安全为由，一直自主地进行生产经营。

二、餐饮外卖平台与大学食堂传统经营模式的比较

大量学生为什么选择餐饮外卖平台而放弃到食堂就餐，以及餐饮外卖平台为何对大学食堂造成冲击？这都根源于二者经营模式的不同。不同的经营模式产生的竞争优势也是迥异的。餐饮外卖O2O平台作为第三方电商交易平台，其基本功能就是把多类用户群体连接在一起，并把信息流、资金流、物流汇聚在平台上，方便各类用户找到彼此、相互匹配，降低他们之间的交易成本，促成每一笔交易并保障交易的安全与质量。

大学食堂自主经营模式与餐饮外卖平台模式相比，最大的不同在于二者的经营控制权、剩余索取权的归属不同。在自主经营模式中，大学拥有完全的经营控制权与剩余索取权，并承担所有的经营责任与风险。而在平台模式中，平台组织(平台主办方)本身放弃了经营控制权、剩余索取权，只是把餐饮生产企业与消费者连接在一起，让他们直接进行互动和交易，餐饮生产企业自主经营、自负盈亏并承担经营风险与责任。在竞争优势方面，餐饮外卖平台拥有庞大的潜在客户群体，具有货比三家的多样化选择优势、价格优势，以及不受时空限制的便捷优势，吸引了大量年轻消费者的青睐。相对来说，大学食堂的食品卫生质量保障性较高。二者的经营缺陷也比较明显，大学食堂自主经营模式比较僵化，运营流程及其监控环节烦琐，且难以满足学生的多元化、个性化需求；而餐饮外卖平台提供的食品质量参差不齐，且难以监管，因此时常出现食品安全问题，而损害消费者的权益。二者各个维度上的比较参见表5-1。

表 5-1　餐饮外卖平台与大学食堂自主经营模式的比较

	美团外卖	饿了么	大学食堂自主经营
经营控制权	餐饮生产企业	餐饮生产企业	大学食堂
经营模式	第三方电商平台模式	第三方电商平台模式	自主生产经销模式
营利模式	向餐饮企业收取加盟佣金和广告费	向餐饮企业收取加盟佣金、竞价排名费和广告费	不以营利为目的，盈余上缴学校，亏损由学校补贴
目标顾客	大学生、白领、居民	大学生、青年白领	在校师生
价值主张	全方位便利性与多样性	连接与吃相关的资源	食品安全卫生、盈亏平衡
核心能力	资本运作、资源整合	资本运作、资源整合	生产经营监控能力
竞争优势	团购价格优势、网络客户流量、选择多元化	网络客户流量、物流速度优势、价格优势、选择多元化	食品卫生质量优势
经营风险	食品卫生质量难以保障	食品质量参差不齐	运作僵化，难以满足多元化、个性化需求

三、大学食堂的平台化转型

大学食堂的平台化转型就是把作为生产场地和销售渠道的传统食堂转变为餐饮服务多元供给与合作共治的双边（多边）平台。双边（多边）平台是连接两类或更多类型的用户群体，并通过促进他们之间的直接互动合作而创造价值的组织[①]。双边(多边)平台授权其他主体提供补足品、技术框架或基础设施[②]。无论如何界定，在合约控制权开放的前提下，双边(多边)平台让多元利益相关群体基于平台的空间与规则直接开展互动合作，让他们相互满足。双边(多边)平台本质上是一套战略模式与平台思维[③]。平台思维就是鼓励利用其他组织的能力和资源来产生补充者创新的新型范围经济，目的是利用网络外部性和广泛的生态系统进行合作供给与创新[④]。

(一)平台化转型的动因

餐饮外卖平台的迅猛发展及其对大学食堂的冲击，不仅仅反映了“互联网+”的魅力，而且更多地证实了多边平台战略在整合资源与能力、降低交易成本、产生范围经济和促进产品创新等方面的强大能量，同时印证了平台时代、平台经济和平台战略席卷各个产业的大势所趋。这就是很多知名的渠道经销商，如亚马逊、苏宁等企业纷纷平台化转型的缘由。因此，大学食堂的学生就餐人数流失就不足为奇了。

餐饮外卖平台最大的优点是整合了所有进驻的餐饮生产企业和店家，因此实现了餐饮产品的多样化供给与创新，以及餐饮服务不受时空限制的服务，真正实现了消费者的主权。相比之下，

---

① Andrei Hagiu, Julian Wright. Multi-sided Platforms [J]. International Journal of Industrial Organization, 2015(43): 162-174.

② Thomas Eisenmann, Parker G, Van Alstyne M. Strategies for Two-sided Markets[J]. Harvard Business Review, 2006(11): 1-10.

③ Rysman, M. The Economics of Two-sided Markets [J]. Journal of Economic Perspectives, 2009, 23(3): 125-143.

④ Michael A. Cusumano. Staying powder: Six Enduring Principles for Managing Strategy and Innovation in an Uncertain World[M]. London: Oxford University Press, 2010: 228.

食堂自主经营的最大缺陷是运作僵化和自身的资源能力有限，难以满足多元化、个性化的餐饮需求。试问，有平台消费模式可供选择，还有多少人愿意耐心排队等待没有价格优惠且品种十分有限的饭菜呢？因此，面对餐饮外卖平台的冲击，为了挽救不断流失的学生，实现扭亏为盈或盈亏平衡，大学食堂的根本出路就是平台化转型，即把自己建设为平台，以平台战略对抗餐饮外卖平台的竞争。以平台战略应对其他平台的冲击，这是所有受到平台威胁的组织的唯一出路。

（二）平台化转型的过程

《哈佛商业评论》载文指出，从经营渠道转向平台运营模式涉及三个重要转变：从控制资源转为精心管理资源，从优化内部流程转向促进外部互动，从增加客户价值转为实现平台生态系统整体价值的最大化[①]。受此启发，大学食堂的平台化转型过程的主要包括以下四步。

第一步，开放食堂经营的控制权与平台资源。合约控制权的开放不仅是多边（双边）平台的识别标准[②]，更是平台化转型的前提和基础。合约控制权的开放意味着学校开放餐饮品的生产制作与经营管理权力，放弃对采购、生产、定价、营销、销售等经营环节的控制，不用承担餐饮经营亏损的经济风险，同时意味着对剩余索取权的放弃。放权让利是平台模式吸引用户加盟的魅力所在。平台空间与基础设施等资源的开放也是平台经营模式的必要条件。

第二步，制订平台规则。平台在向用户放权让利的同时必然

---

① ［美］马歇尔·范阿尔斯丁，杰弗里·帕克，桑杰特·保罗·乔达利. 平台时代战略新规则［J］. 哈佛商业评论，2016（4）：56－63.

② Hagiu, A. Merchant or Two-sided Platform［J］. Review of Network Economics, 2007, 6（2）：115－133.

要设计规范用户行为、义务的规则，以此激励和约束用户的生产经营与互动合作行为。平台本身就扮演着规制者的角色①，平台主办方控制着平台架构、平台规则与参与权利，有权决定谁能进驻平台②。大学食堂平台规则的制订主要是为了确保饮食的安全与卫生质量，保障师生的权益；同时，维持良性的竞争秩序，保障餐饮企业的正当利益。其中，准入规则、招投标政策、退出机制、饮食卫生监督管理制度十分关键。以准入规则为例，大学食堂需要审查拟进驻餐饮企业的经营资质、经营信誉与财务状况、食品卫生等级、厨师的健康证明等，以及这些餐饮企业自身的饮食卫生监督管理制度与措施。

第三步，向全社会餐饮市场公开招投标，吸引物美价廉的餐饮企业进驻食堂平台，开始生产经营。招投标规范要明确投标方的资质与经营信誉，经营合约要明确双方的权利、义务与监管责任。在进行标的选择时，一方面不能完全依据报价来选择餐饮企业，否则最终只能靠压缩成本、牺牲卫生质量来营利；另一方面，要注意尽量减少同质竞争的餐饮企业，同质竞争会造成餐饮企业竞争激烈、无利可图，继而引发低价格竞争，最终容易造成饮食质量安全问题。因此，招投标的方向是吸引开展差异化经营、带有地方风味特色的餐饮企业入驻食堂。具体要根据不同生源地的规模，选择受学生欢迎的多元化菜系。最初，可优先吸纳学校周边比较受学生欢迎的餐饮店入驻食堂，这样可以直接减少竞争对手，减少学生食堂用餐人数的流失。

第四步，为食堂平台的运作提供支撑服务，促进良性互动，

---

① Boudreau, K., A. Hagiu. Platform rules: Multi-sided platforms as regulators[A]. A. Gawer, ed. Platforms, Markets and Innovation[C]. London: Edward Elgar, 2009: 163-191.

② Eisenmann T. Managing Proprietary and Shared Platforms[J]. California Management Review, 2008, 50(4): 31-53.

防范负外部性行为。“服务，而不仅仅是平台”，为互补品生产者提供服务，是平台模式的基本策略①。强化服务不仅仅要求提供平台基础设施、支付工具等支撑服务和配套服务，还要做好平台上“公共”产品的供给，例如食堂的清洁卫生、餐具回收等服务。设计平台商业模式的关键是从促进互动能力的视角，把消费者与经营者连接在一起互动合作，监控与防范负外部性行为②。例如，设计学生与餐饮企业互动沟通的渠道，便于企业根据学生的反馈意见与建议调整生产经营行为。还如，鼓励学生食堂用餐，宣传学校食堂的卫生质量，并鼓励引导学生的自主清洁行为。

(三)食堂平台的竞争

在食堂平台与校外餐饮企业、餐饮外卖平台的竞争中，学校食堂的基本竞争策略是，在发挥既有的信誉可靠、食品安全卫生等传统优势的基础上，模仿餐饮外卖平台的经营模式，把餐饮外卖平台的竞争优势转化为自己的竞争优势。根据调查，口味、价格、便捷、菜量、卫生是学生最关切的餐饮指标。因此，竞争策略和经营行为应该围绕着这些方面展开。

为了提高食堂平台的竞争力，这里有几点建议：第一，补贴策略，学校在向师生发布补贴时，尽量将补贴经费发至师生的校园一卡通(饭卡)中，这将直接鼓励师生在学校食堂平台上的消费行为。第二，鼓励食堂平台上的餐饮企业之间的良性竞争，例如开展各种营销活动、优惠促销活动，市场竞争机制是改进效率的

---

① Michael A. Cusumano. Staying powder: Six Enduring Principles for Managing Strategy and Innovation in an Uncertain World[M]. London: Oxford University Press, 2010: 10.

② Sangeet Paul Choudary. Platform Scale: How An Emerging Business Model Helps Startups Build Large Empires with Minimum Investment[R]. Platform Thinking Labs, 2015.

有效制度。第三，允许平台上的餐饮企业开展校内定点送餐服务，在校内设置不同的餐饮配送点，并提供流动餐车服务，这是对抗餐饮外卖配送服务的有效措施。第四，允许餐饮企业开展网络经营，包括网络营销、网络点餐、网络支付、网上点评等环节。大学食堂平台也可通过丰富的网络经营方式，更好地满足师生的用餐需求。原来只有在餐饮外卖平台上实现的 App、微信支付等便捷操作移植到大学食堂平台，是大学食堂应对餐饮外卖平台冲击的直接回击。多元化、网络化的经营方式有助于消除大学食堂排长队就餐的短板，还有助于满足学生灵活多样、追求时尚便捷的需求。

四、平台化转型后的治理

大学食堂平台化转型后，就要促进用户群体之间的互动合作与相互满足，实现餐饮品的多元供给、餐饮服务的协作创新和食品卫生质量的合作共治，保障各类用户群体的权益。总之，要从维护食堂餐饮双边市场的良性竞合秩序和促进可持续发展的角度实现生态系统治理。生态系统治理是平台主办方的基本治理策略与治理技能，平台主办方除了正确选择平台加盟者用户，开放治理权利，还必须留意平台上的互动、参与者的进驻情况，做到监控与加强平台互动①。

首先，必须开放治理权利，让利益相关方参与食堂供给、服务创新与质量监管。其中，重要的是提高消费者主权的水平，让师生参与监督评价，因为消费者最具有监督的动机和监督的便利。因此，应建立以大学师生为主体的食堂监督评价体系。学校可以授权具备相关知识技能的学生团体或维权组织进行有组织的

---

① [美]马歇尔·范阿尔斯丁，杰弗里·帕克、桑杰特·保罗·乔达利. 平台时代战略新规则[J]. 哈佛商业评论，2016(4)：56-63.

监管，还可以为普通师生提供相关的监管便利条件（如在食堂大厅摆放“公平秤”、播放后厨操作视频）。如果人人都是监督者，监督无处不在，那么质量安全问题自然无所遁形。此外，大学可委托第三方检验检疫专业机构，不定期进行抽查，这样可以保障质量监督的专业性与客观公正性。

其次，激发网络效应，促进用户群体之间的互动合作。第一，促进餐饮企业之间的公平竞争，大学及后勤集团不要参与竞争，即具体生产经营行为，尽量不要管控价格，不用觊觎餐饮企业的赢利，良性的充分的市场竞争自然会解决一切问题。第二，建立用户群体之间的沟通反馈渠道，广泛征求学生对食堂餐饮质量的意见和建议，不断改进食堂效率和质量。第三，激发用户群体之间的网络效应，让他们在互动合作中互相吸引、相互促进、相得益彰、各取所需。这样，互补品创新不断涌现，餐饮质量不断提升，能够实现生态系统的正反馈循环。

最后，食堂平台治理的重点是对于餐饮卫生与质量的监督。平台主办方主要通过事先预防机制、事中过程监控与事后责任追究制度来保障。平台运营管理者应主动与监管者互动合作，为其监管提供信息和各种便利①。第一，促进餐饮企业主动接受监督，主动地为监督提供各种便利，例如提供与公示原材料样本，这是他们证明自我信誉的最好策略。第二，促进餐饮企业的透明化运营，做好餐饮生产关键环节和食堂后厨的信息化实时监控，将监控视频画面置于食堂大厅，保证人人可见。第三，设置餐饮卫生质量投诉渠道，建立责任追究与惩罚制度。根据学生对食堂餐饮生产经营与服务环节表现的网络评价、投诉情况与惩罚记录，实施对于餐饮企业的诚信等级评价机制，并将结果公示在经营窗口上。

---

① ［美］安德烈·哈丘，西蒙·罗斯曼. 规避网络市场陷阱［J］. 哈佛商业评论，2016（4）：65-71.

五、结论

面对餐饮外卖平台的包抄威胁与冲击影响，大学食堂出现了顾客流失、经营亏损等症状。与餐饮外卖的平台经营模式相比，大学食堂传统的自主经营模式劣势显著。因此，平台化转型无疑是大学食堂的唯一正确选择。平台化转型，即大学食堂把自己转变为餐饮服务多元供给与合作共治的多边平台，以平台战略对抗餐饮外卖平台的竞争。食堂平台化转型以开放食堂经营控制权与平台资源为前提，向全社会公开招投标，吸引餐饮企业进驻食堂平台进行生产经营，学校为食堂平台运作提供支撑服务、促进良性互动、防范负外部性行为。食堂平台型治理的基本途径：通过制订平台规则，激励和约束平台用户群体的生产经营与互动合作行为；通过餐饮企业之间的良性竞争，实现物美价廉、创新柔性与效率提升的目标；通过激发网络效应，促进用户群体之间的互动合作；通过治权开放，让利益相关方参与食堂供给、服务创新与质量安全监管。食堂平台型治理就是要促进用户群体之间的互动合作，实现餐饮品的多元供给、餐饮服务的协作创新和食品卫生质量的合作共治，保障用户群体的权益。

第六章
个人的平台思维

【本章摘要】

在当今时代，以水平连接、开放共享、赋权释能、互动合作、互利共赢为核心特征的平台思维正深刻影响着组织战略与领导思维。新时代的领导树立平台思维既是迎接平台革命与融入平台时代的大势所趋，也是组织激励与员工发展的客观需求，还是优化组织合作战略的重要指引与提升竞争优势的内在要求。要树立与新时代相适应的平台思维，领导应通过树立水平思想连接价值网络、学会赋权释能建设平台组织、创建多边平台整合外部资源、打破组织边界融入平台生态，以推动组织的平台化转型、平台战略发展与平台型创新。同样，平台革命在让青年在学习、生活、创业、工作中享受福利和机遇的同时，也带来了风险和挑战。青年树立平台思维有利于生活变得更健康理性，有利于适应平台型学习，有助于创建平台、去平台上创业，有助于胜任平台组织的工作，释放自己的潜能。

第一节　新时代领导的平台思维

进入21世纪后，世界平坦化、政治民主化、社会多元化、科技信息化持续推进，当前时代已步入信息网络时代、创新3.0时代、合作共治时代。同时，新型互联网平台和多边平台叠加融合激发的平台革命席卷全球，平台战略如日中天，平台经济迅猛崛起，标志着当今世界已进入平台时代。在平台时代，各行各业的组织纷纷开展平台建设或进行平台化转型，各类社会群体和个体广泛参与平台互动合作，基于平台的开放共享、赋权释能、互动合作、互利共赢已成为新时代的新常态。与此同时，平台思维改造世界的案例无处不在，如苹果、腾讯、海尔、优步等企业的领导均利用平台思维进行跨界转型，并由此获得了新一轮的快速发展。可见，平台思维旋风已横扫各类企业、机构、组织，甚至整个行业的产业链①。作为身处新时代的领导，应树立与新时代相适应、相匹配的思维模式，借用多边平台价值网络及网络效应实现组织平台化转型与价值再造，激发员工的创造活力，推动组织的平台型创新与平台战略发展。

一、平台思维的内涵

平台时代是一个极具变革性的时代，它不仅仅对商业经济、社会组织等多个领域产生了颠覆性影响，而且对人们的思维观念与行为方式产生了深远影响。在平台战略学中，多边平台不仅是多元用户群体开放共享、互动合作与互利共赢的商业模式，还蕴含着一种系统的水平合作思维。平台思维是与新时代相适应的思维模式，体现的是一种水平的开放合作思想，通过鼓励利用其他

---

① 陈威如，王诗一. 平台转型[M]. 北京：中信出版社，2016：25.

组织的能力和资源来产生补充者创新的范围经济，目的是利用网络外部性和广泛的生态系统创新，将供应商甚至竞争对手变成补充者或者合作伙伴[1]。

平台思维本质上是一种水平连接而非垂直封闭思维，即通过水平的、开放的、互惠的合作来推动生态系统的创新性发展；是一种分享而非独占的思维，即通过资源、空间的开放共享来提升供给侧资源的使用价值；也是一种放权让利合作共赢而非集权控制的思维，即通过赋权释能、创建平台生态系统来创造更大的价值效益。其核心特征是水平连接、开放共享、赋权释能、互动合作、互利共赢，即要求组织与多元主体间在彼此平等、相互依赖、平等协商的环境中连接形成生态价值网络，在互动合作中互利共赢。

具体来说，领导的平台思维主要体现在两个方面：一是针对组织内部的平台领导思想，即对员工赋权释能，建设平台型组织，为员工与顾客的各类交互提供平台，为员工才能的发挥提供舞台与空间，更好地推动员工成长；二是针对组织外部的平台战略思想，即对外开放合作的平台战略，创建多边平台空间载体及其价值网络，连接多元利益群体并整合外部资源，推动生态系统平台型创新与合作共赢。

二、领导树立平台思维的必要性

任何时代的到来都必然推动人们思维方式的转变，新时代亦是如此。领导树立平台思维不仅仅是迎接平台革命与融入平台时代的大势所趋，还是组织激励与员工发展的客观需求，更是优化

---

① Michael A. Cusumano. Staying powder: Six Enduring Principles for Managing Strategy and Innovation in an Uncertain World[M]. London: Oxford University Press, 2010: 228.

组织合作战略的重要指引与提升组织竞争优势的内在要求。只有树立平台思维，领导才能够紧跟新时代发展的步伐与方向，才能紧抓新时代的发展机遇与正确应对新时代的潜在挑战。

(一) 平台思维是迎接平台革命与融入平台时代的大势所趋

随着互联网的普及与发展，借助于互联网平台的多边平台模式才得以席卷全球之势表现出全新的内涵、庞大的规模、广泛的影响和巨大的冲击，因而平台革命是互联网平台革命的延续与新态势。其实质是多边平台模式与互联网平台叠加融合的应用推广过程及其产生的重大冲击力与颠覆性影响。尤其是在以“世界是平的”为核心特征的全球化 3.0 时代，平台将会“处于一切事物的中心”。事实上，席卷全球的平台革命对传统的各行各业和各类组织已产生广泛而又深远的影响。在平台时代，多边平台已成为组织的新范式，平台模式加速了世界平坦化的进程，必然会打破人们思维固化的现状，平台革命及平台时代的爆发力和冲击力不仅体现在现在和过去，未来也将发挥越来越重要的作用。平台时代无疑成为各国学者、政府官员、工商界人士的共同世界观，必然需要一种与之相适应、相匹配的思维模式。

(二) 平台思维是组织激励与员工发展的客观需求

一个组织能否成功转型并呈现出新的发展态势，很大程度取决于该组织领导者的认知与思维方式，而领导的思维模式又影响着整个组织价值观的塑造、组织未来的发展方向与战略规划，以及组织成员的效率、成长与创新。在平台时代，平台思维实质上是一种水平开放而非垂直封闭思维，而垂直封闭思维更多的是一种传统组织模式或形态的代表。由于制度惯性，传统型组织大多遵循着自上而下的垂直封闭式发展模式，而领导大多也遵循着“独善其身、各自为政”与“唯我”等工作思维理念，在组织与员工的发展过程中一味地追求组织与个人利益最大化，片面追求效率最大化与成本最小化，过分地强调分工的精细化和专业化，然而在组织内部中形成了一种的封闭、狭隘、片面的本位观念，抑制了员工的个性化与创新性发展，也消磨了员工的工作激情与积极性。随着平台革命的推进与平台时代的到来，以垂直封闭式为思维导向的传统型组织受到严重冲击，而以水平开放式为思维导向的平台型组织逐步成为组织发展趋势，越来越多的组织开始利用平台思维进行组织改造与跨界转型。平台思维独有的价值魅力不仅能够引导组织及组织成员思维的转变，让每一个组织成员在工作中拥有更多的自主性与才能发挥空间，从而更好地激发出员工的内在潜能与工作激情，还有利于推进组织的平台化建设、转型和实现组织平台生态系统的长期繁荣发展。

（三）平台思维是优化组织合作战略的重要指引

随着世界平坦化、政治民主化、经济全球化、社会多元化的持续推进，组织间合作共赢的诉求愈发强烈。在这样的时代背景下，即使一个组织再怎么优秀和强大，它都不可能简单依赖内部资源和依靠一己之力成为行业领域内的佼佼者，因为一个组织所能爆发出来的力量是有限的，但是若干个组织汇聚形成一个平台生态圈，所能创造的社会财富与价值便是无限的。因而，在新时代合作共赢的时代环境下，任何一个组织都有必要将自身融入于平台生态系统，优化组织合作战略，积极谋求共同发展。作为一种水平开放、连接共享、赋权释能的平台思维，能够更好地为平台生态圈的构建提供指引，并以放权让利的方式吸引各类合作者、参与者进入平台生态系统，不断地推动组织之间的开放共享与互动合作和维系多元主体间的利益平衡。这既有助于将双边市场的经济机制和生态系统的价值网络引入组织运作，也有助于降低用户间互动的交易成本，提高资源配置效率。另外，平台生态圈构建的另一关键因素在于领导，他们作为多边用户群体的召集者、平台建设与演化发展的规划者、平台策略的实施者、平台规则的制订者和平台管制的执行者，关系着整个平台生态系统的建设与发展，也关系着整个平台用户之间的交互质量与合作成效。

（四）平台思维是提升组织竞争优势的内在要求

在迈克尔·波特看来，竞争是组织成败的关键，竞争优势归根结底来源于组织为用户创造的超过其成本的价值①。而保持一个组织的竞争优势以维持在行业中的地位，不仅仅是组织管理模式、运作机制、竞争策略的有机结合，更为关键的是要保证组织领导者的思维与时俱进，思维模式决定着领导的眼界、胸怀和抱负。平台商业模式的兴起改变了商业竞争的格局，人人都想成为生态系统的领导者并主宰利润池的分配。但是在“物竞天择，适者生存”的丛林法则下，那些在垂直封闭思维主导下的传统组织如果不选择适时地推动组织演化以适应时代环境的变化，那么他们只能被社会淘汰，因为他们无法满足多元用户群体和市场的多样化需要，无法适时地更新与保持组织的核心竞争力。平台时代呼唤平台思维，以开放合作为主导的平台思维既是时代的产物，也是平台化组织转型与建设的行动指南，更是提升组织竞争优势的内在要求，能够帮助组织找到核心竞争力并持续不断地为竞争力输入新活力。平台思维的水平开放、赋权释能、合作共赢特性，能够以多边平台的网络效应广泛吸引多元用户群体，能够以放权让利的方式鼓励组织成员参与组织运作管理，能够利用网络外部性扩大组织的合作规模，从而达到扩大组织用户规模、降低交互成本、增强用户黏性和激发组织创新性的效果，有助于从用户规模、交互成本、创新能力等方面提升组织的竞争优势。

---

① ［美］迈克尔·波特. 竞争优势［M］. 陈小悦，译. 北京：华夏出版社，1997：1-3.

三、领导树立平台思维的着力点

为了更好地融入平台型社会、适应平台时代的发展，新时代领导必然要树立与平台时代相适应的思维模式。领导应将树立水平思想连接价值网络、学会赋权释能建设平台组织、创建多边平台整合外部资源、打破组织边界融入平台生态等作为树立平台思维的着力点，推动组织的生态性创新及长远发展。

（一）树立水平思想，连接价值网络

随着世界平坦化进程的加速、平台革命的持续爆发，越来越多组织开始向平台型组织转型，以期从中获得新一轮的发展。但平台型组织的建设与转型并不是简单易行的，尤其是对于传统型组织而言，想要在组织内部推行变革需要面临很多阻力，如员工不理解与不支持、短期利润下滑等。因而，对于平台转型时期的组织领导而言，价值观和心态的转变是最为重要，也是最先需要调整的内容，需要领导树立一种开放、互动、合作的水平思想。与垂直性思维不同的是，水平思维是一种连接性思维，首要任务是创建一个水平性互动系统，从创造什么样的产出或效应开始，为了获得这种效应，要把整个网络中的不同节点水平地连接起来[①]。水平性互动系统的创建，需要领导学会在与其他主体相互依存的关系中连接价值网络，并基于价值网络创造和实现平台生态圈的价值分配。首先，领导要拥有长远的眼光，只有善于抓住时代赋予的机遇，懂得用战略的眼光看待眼前的格局，才能够在时代挑战面前不退缩，忍受平台转型初期的挫败。其次，领导要拥有独特的视野，只有敢于打破常规，才能够与众不同，才能够

---

① ［美］托马斯·弗里德曼. 世界是平的［M］. 何帆，等译. 湖南：湖南科学技术出版社，2008：162-163.

在众多行业中脱颖而出。最后，领导要拥有利他的情怀，只有放弃“唯我”思维，学会在平台互动中放权让利，学会从推动他人的互动和成功中分得一杯羹，才能够维系平台用户规模，推动组织的长远发展。只有这样，组织才能在平台生态系统中改变自我、突破自我，并与多元主体在生态价值网站中交互合作、共享各自的优势资源，淡化组织间的边界和为多元主体间的无边界合作奠定基础，促使彼此之间相互信任、协同共治，实现平台生态系统各方利益的均衡发展。

（二）学会赋权释能，建设平台组织

组织平台化建设与转型已逐步成为当前时代的发展趋势之一，那些发展快、市值高的组织，尤其是互联网公司几乎都是平台组织。组织要成功实现转型，最为关键的一点在于领导的思维模式，归根结底，组织平台化转型成功是平台思维的成功[①]。只有当领导充分认识到组织转型的迫切性与必要性时，当领导的思维模式开始发生转化时，组织平台化转型与建设之路才会开启。因而，领导必须学会在平台生态系统赋权释能，懂得调动多元相关主体积极性并发挥他们各自的优势，并向用户群体放权让利，推动多元主体间交互与合作的质量。赋权释能是平台组织演化与发展的动力，与组织平台化建设与转型成功有着紧密的联系[②]。首先要学会放权让利，领导要将权力更多地赋予组织成员与其他多元主体。组织成员和参与者自由发挥空间越大，生态系统中则可以容纳的用户群体就越多，越有利于拓宽组织用户规模与增强用户黏性，也越有利于衍生出更强大的力量与竞争优势。其次要

---

① 刘家明. 国外平台领导研究：进展、评价与启示[J]. 当代经济管理，2020(8)：1-13.

② 穆胜. 释放潜能：平台型组织的进化路线图[M]. 北京：人民邮电出版社，2018：71.

开放平台标准，领导要将平台的结构、技术和规则等标准开放，这有利于激发多元用户群体的潜能，也有助于提高平台创造力，推动平台的创新和用户群体的成长。最后要开放组织空间资源，利用共享共利、共享利润池的机制调动其他具有研发与技术能力的企业，并为互动参与设计平台规则，从而推动组织之间、组织与员工之间、组织与其他主体之间的利益均衡分配、互利共赢目标的实现。

（三）创建多边平台，整合外部资源

多边平台的创建是把多边用户群体、价值关卡连接起来组建平台价值网络，以促进供需匹配、降低交易成本的过程。其实质是平台生态系统中各个要素、资源整合和价值创造的过程，核心功能是化解阻力、降低交易成本以促进交互①。因而，领导作为多边平台创建的主办方或承办方、规划建设者、策略实施者、规则制订者，其作用是连接相关利益群体，并整合各类资源、匹配供求、促进交互，必然要在平台生态系统中承担维护相关利益群体和组织整体发展的职责。首先，要以多边平台为载体，通过开放组织空间、资源、规则吸引不同类型的用户群体，并将他们连接在一起，促进其开展互动交流，使彼此之间的关系更为融洽，或是形成新的合作伙伴关系，从而创造出新的价值。其次，利用多边平台的开放共享性与资源整合性，将多元用户群体所拥有的各类资源汇聚在平台生态系统中，并对其进行整合与梳理，进而推进多元用户群体间的高质量供需匹配与低交互成本。最后，合理设计多边平台的定价策略与治理规则，有助于激励多元用户群体的创新性，优化与开放多边平台的治理规则，有助于提升提升多元用户群体间的交互质量。总之，领导要善于发挥多边平台的

---

① 刘家明. 多边公共平台的运作机理与管理策略[J]. 理论探索，2020(1)：98-105.

载体作用与平台思维的导向作用，通过开放组织空间、资源、规则以吸引外部多元主体、优势资源主体入驻平台，既要注重外部资源的整合和权、责、利关系的理清，同时也要注重发挥价值网络效应，利用外部组织的能力和资源来实现多元供给与协作创新，充分发挥外部资源的优势与价值。

（四）打破组织边界，融入平台生态

任何一个组织想成为成功的平台组织，都必须适时地调整组织的发展规划及战略目标以适应外部环境的变化，必须适时地改变组织的运作和管理模式，但这些因素改变的前提是组织思维的变化。只有当领导及员工的思维模式、工作理念开始发生转变时，组织才能够紧跟时代潮流步伐并获得新一轮的发展。另外，领导既扮演着平台组织建设与发展规划者的角色，也扮演着平台演化策略实施者的角色，多重角色的扮演决定了领导必须为整个组织的稳定和长远发展负责，但并不意味着领导要对所有事物进行详加规定①。因此，领导必须学会利用多边平台赋予的力量推动组织去边界化的发展，用平台思维重塑组织价值体系与引导组织成员思维观念转换，从而推动组织融入平台生态系统。首先，领导要拥有开放的心态，既要向内部员工提供开放性，也要向外部用户群体提供开放性，打破平台组织上暂未开放的边界，吸引更多用户群体参与其中，提高组织用户规模效应。其次，领导要拥有互动合作的理念，鼓励员工及其他外部用户群体自主参与组织建设与管理，发挥价值网络的连接效应来推动各类用户群体之间的交流互动，实现平台间的互联互通。最后，领导要拥有互利共赢的胸怀，在平台生态系统中，利益分配是用户群体最关心、最关键的问题，直接关系到整个平台生态系统的可持续发展，所

① Tim O'Reilly. Government as a Platform[J]. Innovations, 2010, 6(1): 13-40.

以领导要善于设计激励相容的利益分配规则，让每个用户群体都能够从平台组织的发展中分享“一杯羹”，促进平台与平台用户群体的共同发展。

四、结论与启示

随着平台时代、平台型社会、信息网络时代、创新3.0时代、合作时代的到来与发展，越来越多的组织开始向平台化组织转型，水平连接、开放共享、赋权释能、互动合作、互利共赢理念已成为组织平台化建设的思维导向。要成为一个优秀的领导，必须善于把握与分析时代赋予的机遇，并愿意跟随时代潮流的发展保持与时俱进。如果领导习惯于旧式思维，固守传统观念，往往只会原地踏步，并将组织一步一步带向行业领域内的末流，甚至是消失。因此，作为新时代的领导，更应积极树立与时代相适应的思维模式，运用平台思维带领组织与员工实现创新性发展。这不仅仅是迎接平台革命与融入平台时代的大势所趋，更是组织激励与员工发展的客观需求、优化组织合作战略的重要指引以及提升组织竞争优势的内在要求。

新时代的领导要真正树立平台思维，就必须突破传统思维模式与解构价值体系，积极顺应时代潮流发展。首先，要树立一种开放、互动、合作的水平思想，学会在多元主体互动中连接价值网络。其次，推动组织平台化建设与转型，通过放权让利的方式激发员工与合作者的内在潜能，实现组织之间、组织与员工之间、组织与其他主体之间的利益平衡、合作共赢。再次，通过多边平台的创建吸引组织外部的多元主体、优势资源主体入驻组织各类平台空间，并在平台生态系统中整合这些外部资源。最后，利用平台思维的开放共享性打破组织的边界，积极推动组织融入平台生态系统，实现组织的协作创新。因此，在今天的时代浪潮下，领导更应选择平台思维来实现组织的平台化建设和生态系统的平台型创新与合作共赢。

第二节　平台时代的青年要有平台思维

平台革命不是一场技术革命，而是一场观念上的革命①。平台革命不仅仅是互联网+多边平台模式的技术革命，更是一场观念上的革命。身处平台时代的人们在工作方式、沟通方式、消费方式、支付方式、娱乐方式等发生天翻地覆变化的同时，必将迎来人们在世界观、价值观、发展观、消费观、投资理财观、创新创业观等思维理念的革命。习近平总书记曾说，“青年是标志时代的最灵敏的晴雨表”。青年是最易感受、最快接受社会变化的群体，他们是各类平台中最为活跃的部分：在“淘宝”等购物平台买衣物、在“饿了么”等点餐平台定外卖、在“携程”等出行平台购火车票、在“慕课”等学习平台学习、在“抖音”等视频平台娱乐，青年的衣食住行育乐可谓均可在平台上实现。然而青年对于平台时代存在着“不识庐山真面目”的窘境，对平台缺乏理性科学的认识，难以应对平台时代的机遇与冲击。在平台时代，青年要理清自己和平台的关系并懂得借用平台的力量释放自身的潜能，需要建立适用于平台时代的思维模式。

一、平台时代对青年的影响

平台革命对经济社会的各个领域和各行各业所产生的深远影响，实质上是多边平台模式与互联网交融后的推广应用过程及其产生的重大冲击力。平台革命将整个世界带入平台时代，给不同的人们带来了机遇和挑战，同样也对当代青年产生了双重影响。

---

① 抑扬. 杜拉克谈企管“观念革命”[J]. 中外管理，1999(2)：19.

(一)平台革命将世界带入平台时代

多边平台实践模式由来已久，封建社会的集市就是典型的代表。随着互联网通信技术的普及，衍生出“互联网+多边平台模式”的价值表现形态，平台模式才得以以席卷全球之势表现出全新的内涵、庞大的规模、广泛的影响力和巨大的冲击力，平台革命由此爆发。平台革命影响广泛而彻底，从经济、社会领域，到医疗卫生、教育培训、政府治理，无不深受影响。身处其中的我们，不论是领导还是员工、是供应商还是消费者、是教师还是学生，都被推入了一个新的时代——平台时代。

如今，平台已遍布各个行业：电子商务与跨境电商平台、门户网站、搜索引擎、通讯平台、操作系统与应用平台、人际交往平台、电子支付平台、求职平台、教育平台、媒体平台、购物平台、体育平台、娱乐平台、城市经营平台。平台是广泛存在的，在现代经济系统中发挥着越来越重要的作用，成为引领新经济时代的重要经济体[①]。平台正在成为一种普遍的市场形态或新的组织模式，主办一个成功的平台可以为组织获取重要的竞争优势。各行各业平台的成功案例昭示着平台经济的崛起，表明当今已进入一个平台的时代。平台时代已成为政府官员、经管学者、工商界人士的共同世界观。

(二)平台时代的积极意义

多边平台，尤其是互联网平台正在悄无声息地改变着我们的经济社会环境，置身其中的青年在生活、学习、就业创业等多个层面均受到了平台的洗礼。

---

① ROSON, R. Auctions in a Two-sided Network: The Case of Meal Vouchers [Z]. Ca'Foscari University of Venice, 2004.

第一，学习层面。教育向平台迁移，打破了传统教育体制下守门人（教师从业资格证、教师编制）对教育资源准入的限制，扩大了准入范围，各类教育资源借助互联网平台，呈现出“百花齐放，百家争鸣”的态势，考试培训平台、学习应用平台层出不穷，由此影响了当代青年的学习行为。青年逐步利用各类学习应用平台拓展知识视野、辅助自己准备考试，例如，学生可以利用慕课、网易云公开课、中国大学 Mooc 听顶尖大学的教育课程，也可以利用沪江英语、粉笔公考、口袋题库考研等考试培训平台应对英语等级考试、公务员考试、研究生考试。其中，尤以英语线上学习平台 App 最为典型，极大地优化了青年们英语学习的氛围，提高了青年们学习英语的趣味。

第二，生活层面。当代青年的用餐、社交、娱乐、购物、支付、出行等日常生活已然离不开平台，吃穿住行乐可谓均在平台之上：在饿了么、大众点评网等线上餐饮平台订餐；在淘宝、京东等网络零售平台购买衣物；在携程、艺龙网等酒店预订平台预订房间；在滴滴出行、神州专车等打车平台上打车；在优酷视频、腾讯游戏、网易云音乐等娱乐平台休闲娱乐。同时，青年大学生的校园生活也日益丰富化，课余生活不再局限于学生会组织的活动，也不再单纯依靠在餐厅当服务员、在超市做促销员、在步行街当宣传单派发员等校外兼职来充实课余生活。青年大学生开始以自身兴趣为出发点，基于平台实现大学生活中个人价值的最大化，高校自媒体平台是青年大学生自我表达和展示的集聚地，受到了他们的热捧。

第三，就业创业层面。在平台革命背景下，平台经济发展迅速，平台型企业在取得举世瞩目成绩的同时，也给社会创造了大量发展机遇和就业岗位。如在 2017 年全国就业创业工作座谈会上，阿里巴巴表示，仅其零售平台直接间接支持的就业人数就超过了 3300 万。同时，就业的平台化转型助推了青年自由职业者工作、个体商家、合同劳动和非传统职业的发展[1]。平台革命也重新定义了创业。以往的青年创业项目大多为依托家庭资金支持、技术含量较低的餐饮店，总体层次低、资金依赖程度高。当创建一个平台、接受平台的对接与帮扶，或去别人的平台上创业成为一种新型创业模式，能够整合更加广泛的市场与社会资源、抓住更多的商机时，必然能够提高青年创业的可行性与成功率。

（三）平台时代的挑战

搭载互联网的多边平台模式引发的爆炸式效益显而易见，但要清醒而深刻地认识到，正如历史上每次商业和技术革命一样，平台革命也存在冲击性、颠覆性与阴暗面，平台时代充满了挑战。

第一，“只缘身在此山中”，难以树立“新三观”。在平台革命所缔造的神奇世界里，便利快捷、精彩纷呈。各类平台信息、内容、功能覆盖大而广，青年在享受平台时代红利的同时，也常常手足无措，虽率先成为各类平台的最早使用者，却始终亦步亦趋、随波逐流。如青年热衷于网购平台、游戏平台、直播平台、网络社交平台，“只缘身在此山中”，却不识“庐山真面目”，不懂得基于平台释放个人潜力，更不会创建平台。青年在整天消费平台的同时，却不知自己的价值在哪、发展定位在哪。他们仅能看到一个个的消费平台，却无法看到整个平台世界及其给自己带来的发展机遇，更无法树立相应的“新三观”——世界观、价值观和发展观。在平台革命中，青年们好似“摸象的盲人”，再加上平台构造的生态系统中角色的多元化、复杂化，这些都让“新三观”依然没有确定的青年在纷繁复杂的平台世界中产生迷茫与困惑。青

① 杰奥夫雷 G. 帕克，马歇尔 W. 范·埃尔斯泰恩，桑基特·保罗·邱达利. 平台革命：改变世界的商业模式[M]. 志鹏，译. 北京：机械工业出版社，2017：278.

年找不到施展自身潜能的平台支撑体系，在平台生态系统的竞争世界中逐渐被边缘化甚至被挤到圈外。

第二，平台诱惑多，沉醉其中娱乐过度。平台为了激发网络效应，维持庞大的用户规模或用户流量，往往会采取一系列举措以增强用户黏性、培养用户忠诚度，这极易导致自我控制力较弱的青年群体难以摆脱平台的吸附与控制，终日沉迷于平台而不自知。智能手机作为一种通信设备的定义正在模糊，逐步演变为网络平台（App）的一种载体，通过各类网络平台来满足用户更广泛的功能需求。其中，娱乐网络平台依据用户使用记录和喜爱偏好实现的信息内容的个性化推荐使青年难挡诱惑，沦为沉迷于手机的“低头族”。正如《娱乐至死》的作者所担心的，表面温和的现代技术通过瞬间快乐和安慰疗法使人们不再交流思想，人们用笑声代替了思考，成为娱乐的附庸①。多边平台模式搭载互联网使这一现象更为突出，生活中随处可见青年们在朋友聚会聊天时、走路时、吃饭时，甚至是上班时翻看手机上的各类网络平台，刷微博、看抖音视频、点赞微信朋友圈。时间支离破碎，注意力也被割裂，一些青年日益偏离生活的正常轨道。

第三，平台陷阱多，各类风险潜伏其中。平台源源不断地创造价值的核心机理是其连接的多边用户群体之间相得益彰、互利共赢的网络效应，而网络效应的引爆需要大规模参与用户的入驻。这就导致一些平台企业盲目扩大规模，降低准入门槛，弱化对参与用户的筛选，再加上平台在审核、监管机制等方面的漏洞，一些不良商家、不法分子、敌对势力乘虚而入、大行其道。订餐平台“饿了么”就曾被央视“3 · 15 晚会”曝光其默许黑餐馆、黑作坊入驻，而青年作为主要消费群体，身体健康必受影响。此外，消费者注册平台时的身份信息以及在平台上的行为数据时常

---

① ［美］尼尔 · 波兹曼. 娱乐至死［M］. 章艳，译. 北京：中信出版社，2015.

被贩卖或盗取，如手机号码、支付宝账号、淘宝收件地址、滴滴打车记录等。一些不法分子利用这些精准的个人数据设计出更为复杂且难以识别的骗局，导致社会阅历不足的青年频频掉坑，一些贫困学生学费被骗事件频发。更为严重的是，由于平台运行全球化的特点，国外敌对势力利用自身在互联网技术的优势，在各类平台上以新奇、丰富、多变的表现形式宣传资本主义意识形态，侵占了我国高校思想教育阵地，社会主义核心价值观受到威胁，一些青年学生的国家意识日益淡化，享乐主义、极端个人主义、拜金主义开始甚嚣尘上。

综上所述，平台革命对青年的学习、生活、就业创业等都具有积极影响，将青年带入了一个生活极度便捷、丰富，学习愈加高效、自主，个人潜能无限释放的新时代。同时，平台革命具有冲击性与负面影响，其所带来的定位失准群体的边缘化以及更为复杂多样的诱惑与陷阱，导致一部分青年被淹没在平台时代。青年一代唯有树立适用于新时代的平台思维，才能最大化地发挥平台革命对青年发展的正面效应，消除平台革命的负面影响。

二、平台思维的内涵与优势

平台革命是平台思维产生的根源，平台革命对多边平台模式的推广应用过程，反映出世界平坦化的发展趋势，人们被带入一个崭新的平台时代。要认识、适应、驾驭这样的新时代，必然需要我们的思维与时俱进。多边平台模式代表了一种新的时代理念和战略思维，这种思维是对世界多元性、不确定性、复杂性的新认识，以及在这种认识的基础上所形成的价值观与个人(组织)价值创造模式等基本问题的根本看法。多边平台模式强调通过开放共享、整合集成、互动合作等方式创造价值，追求平台生态系统的共同利益与整体效能最大化，展示了一种水平连接、开放互动、合作共享的思维范式，它鼓励思维主体在工作、学习、生活中基于平台价值网络开放共享，广泛连接多方主体来创造公平、创新、效率、共赢的价值。

(一)水平的连接思维而非垂直的控制思维

当下对个人努力、个人价值的过度强调催生出一种将他人、群体视为价值实现工具、力图控制他人以达到自身目标的思想观念，即垂直型控制思维，其中存在封闭孤立、彼此的尊重信任不足等弊端。一旦工作囿于垂直型控制思维，则上级对待下级猜测怀疑、多指责、多控制，下级唯上级马首是瞻，同级同事之间冷漠相待。一旦教与学囿于垂直型控制思维，老师的教学则表现为自上而下的单向知识灌输，学生则会被动接受知识而不积极连接同学进行创新性思考。一旦创业者囿于垂直型控制思维，则会局限于自身资源和能力，而不去广泛连接外部人员以及外部要素。每个个体都有自己的闪光点，平台革命使每个个体都可以借助平台的力量获取信息、自由发声、自我展示和释放自身潜能，由此形成的是一种去中心化的平坦世界，呼吁的是一种具有水平特征的连接思维。这种水平连接思维的要义是创建一个水平性的互动系统，从想创造什么样的产出或效应开始，为了获得这种产出或效应，把整个网络中的节点横向连接起来①。网络上各节点之间自由而平等，社会尊重每个个体、每个选择、每份表达。由此，青年与他人之间建立的是相互信任、平等合作的伙伴关系，而不是控制与服从关系，这有利于青年连接社会价值网络，以众人之智、众人之力实现合作共赢。

① ［美］托马斯·弗里德曼. 世界是平的［M］. 何帆，等译. 长沙：湖南科学技术出版社，2008：158-159.

(二)开放合作的共享思维而非封闭排他的独占思维

在竞争激烈的当下，人们愈加强调适者生存、优胜劣汰。个人逐利的同时也在不断地阻止他人获利，力图排除他人以实现对资源的独占，人与人之间的关系呈现出排斥性、对抗性、不相容性。平台革命强化了个体之间连接的广度与深度，分散的个人被集聚于平台共同创造价值，这就把个人置于开放的广阔空间中，置于人与人、人与群、群与群的复杂关系中。在平台时代，互动合作成为适应新时代的“新准则”，只会孤军奋战已然不适应平台时代的发展大势。人们在学习、生活、工作中若不互动、不合作、不共享，势必势单力薄。试想，当一些人企图利用平台生态系统的力量征服世界时，你却依然如井底之蛙一般生活在自己的世界里，单一个体的最大化发展如何能对抗协同创新的平台生态？因而，平台革命呼吁的平台思维是一种合作共享型思维，它具有开放性、互动性的特质，倡导人与人之间相互尊重、相互配合、相互支持、相互促进，这有利于彼此取长补短，通力合作以达到1+1>2的强大协同效应。同时，平台合作中多方之间资源的互补与共享有利于提高资源的使用价值和效率。

(三)追求更大价值与贡献的利他思维而非自利狭隘的唯我思维

自我意识的觉醒使一些人形成了以自我为中心、只关注自身利益需求的“唯我”思维，心里只有狭隘的自我，不顾及他人、群体、社会的利益。人一旦固执于这样的思维就容易被束缚在自己的世界里。平台是供给侧资源整合集成与供需匹配的产物，搭建平台就要整合资源，吸引海量参与用户集聚于平台，这就要求平台创办者或运营者树立“先人而后己”的精神，愿意成就他人，为他人发展让路、让利，将自己的成功建立在帮助用户获取成功的基础上。因而，平台革命的思维导向必然是与唯我思维相对立的利他思维。平台思维就是在为人处事的过程中时刻考虑更广泛的利益，其本质是人生境界与格局的提高，不仅考虑自身的发展，更考虑他人的发展，考虑整个社会、整个国家、整个世界的发展。通过创建一个大的平台生态系统，去影响、助力他人成功，从而创造更大的价值与贡献、承担更大的责任。一些人正是掌握了这种思维，才得以在平台革命的浪潮中扬帆起航，实现了更高层面上的价值。例如马云创建阿里巴巴的初心就是搭建帮助个体商户和中小企业发展的平台，正是其“让天下没有难做的生意”的大家胸怀，不仅推动了中小企业的发展，而且以淘宝村的新形式打造了我国精准扶贫新出路，由此赢得了全国乃至全世界的尊重。

三、青年树立平台思维的意义

树立平台思维是青年理解平台经济、融入平台社会、迎接平台时代，真正打开平台世界的一把钥匙。拥有这把钥匙，才能明确平台时代的逻辑，才能把握住平台时代的发展机遇。

（一）提高平台敏锐感，让平台生活更健康理性

哥伦布告诉人们世界是圆的，而平台思维则倡导“世界是平的”的世界观，鼓励青年承认世界是平坦的，世界上每个角落的人们基于共同的价值理念寻求共赢共存。这并不有悖于常识，而正是对新时代的正确解读。当下，全球的信息、技术、人才、经验、资源高速流动，某一要素不再被单一所有权所分割、封闭，平台模式下的价值网络将世界打造成为一个互联互通的有机整体，世界在平台的推力下日益“平坦”。然而，机遇与发展要素的全球流通意味着各类挑战与风险也无处不在。平台思维能提高青年的敏锐度，帮助青年准确识别平台时代下的发展机遇和诱惑、陷阱。如此，青年既要善于抓住平台时代下涌现的机遇，构建或

参与某价值网络，以集合他人智慧、资源来补全自身发展的不足；同时又要培养规避平台风险的理性思维，克服平台阴暗面带来的诱惑与陷阱，积极应对发展理念的冲击，准确进行自我定位，找到“用武之地”，进而让平台生活更为健康理性。

（二）适应平台型学习，调整学习策略和方法

高校的人才培养平台模式正在向多边平台转型①。各类教育资源借助平台跨进高校大门，24 小时自助式、自主式、自由式的网络学习应用平台打破了传统课堂 45 分钟的被动学习模式，冲击了传统教育框架下的学习模式，要求青年大学生培养与新时代相呼应的学习能力和学习思维。平台思维以其开放、互动、合作的特性解决大学生传统学习中的痛点，可以帮助学生迅速适应平台型学习：平台思维的开放性鼓励青年大学生充分利用一切外在学习资源来拓展知识面，随时随地地借助网络平台来主动探究某一问题，使得自身即使离开校园依然能够利用开放的学习资源来更新知识体系，培养终身学习的能力与意识；平台思维的互动性强调学生与老师之间知识流动的双向性，鼓励大学生敢于向老师表达自身对于某一问题的见解、看法或是迷惑，激发了学生的创造性思维，而不局限于对以往研究成果的罗列和概括上；平台思维的合作性基于青年大学生的差异性与多样性，鼓励合作分享式的学习，“一千个人眼里有一千个哈姆雷特”，整合不同的视角有利于更深入地剖析问题，实现互助性、协同性的学习。

（三）践行平台型创业，提高创业成功率

调查数据显示，我国约 90% 的在校大学生有创业意向，26%

---

① 刘家明．高校人才培养平台模式及其向多边平台转型的思考［J］．国家教育行政学院学报，2019（6）：59-66．

的大学生有强烈的创业意向[①]。青年大学生创业激情高涨，然而创业的项目则过于单一，多为依托于家庭资金的实体小门店创业。在平台革命的浪潮中，要么构建一个生态系统去整合别人，要么选择一个生态系统被别人整合[②]。平台型创业能助力大学生提高以往不足10%的创业成功率。当青年大学生选择立足于某平台进行创业时，该平台就是创业青年与平台上其他创业者的命运共同体。平台思维鼓励创业青年恪守互动合作的创业思路，“创”不是单打独斗，而要与平台上的其他创业者相互赋能、协同创业，维护好共同所在的平台。当青年大学生自创一个新平台进行创业时，平台思维水平连接、开放共享的特性则鼓励他们积极构建平等合作的水平关系、伙伴关系，开放平台业务的合约控制权、资源、结构，让用户之间直接交互、相互促进、相互满足，促进平台与平台成员的共同发展，追求共赢而不是独享创业收益。

(四)胜任平台组织工作，释放自我潜能

平台革命方兴未艾，平台作为经济领域的“星星之火”，逐步在教育、医疗、公共治理等领域形成燎原之势。在此背景下，有相当多的青年进入平台组织工作。平台组织对员工提出了不同于以往的素质要求与能力结构上的要求，在平台组织中，员工不再被动地等待完成上级的命令。平台思维的开放性、互动性以及价值创造的网络性帮助青年能够胜任在这种迥异的组织架构中的工作，释放自我潜能：一是平台思维的开放性鼓励员工不局限于组织内部，而是将自身充分地对外开放，寻求组织之外的市场中的各种机遇、资源。也就是说，个人要在有限的时间内利用专业技

① 洪大用，毛基业. 中国大学生创业报告2017[M]. 北京：中国人民大学出版社，2018.

② 李宏，孙道军. 平台经济新战略[M]. 北京：中国经济出版社，2018：75.

能创造更多的价值，多样、灵活地开展各种工作，不再被动地属于一个组织[①]。如海尔员工的创客化，员工可以基于海尔的平台自行创业。二是平台思维的互动性要求青年既主动地与其他员工进行交流互动，以弥补职场经验的不足，同时也要积极地与组织高层互动，其目的在于让高层明白自己的个性与优势，促进组织为自身发展提供适当的“服务”。三是平台思维的价值创造网络性倡导青年在制订和实施战略时要着眼于整个价值网络来寻求互利共赢，而不是基于自身所在部门的利益最大化。

四、结论与建议

平台革命引发了多边平台模式的繁荣发展，将当今世界带入平台时代的同时必然产生思维观念的变革。平台思维实际上是抓住平台发展机遇、规避平台风险的思维观念与敏锐意识。因此，树立平台思维有助于青年适应平台型的学习模式，帮助青年胜任平台型的组织工作或创建一个平台实现创业梦想；有助于青年以理性的视角认识平台模式，在善于抓住平台机遇的同时，又具有规避平台风险的理性与智慧。

青年要真正树立平台思维，就需要突破传统思维模式。首先，应该摆脱孤立封闭的世界观，树立世界是平坦的、互联互通的平台世界观。其次，放弃“唯我”、个人主义过度膨胀的价值观，树立互助互利、尊重他人利益愿望的平台价值观。再次，摈弃奢侈浪费、沉沦堕落、娱乐过度的平台消费观，自觉抵制平台消费的各种诱惑与风险。最后，抛弃单打独斗或排他独占的发展观，积极抓住平台发展机遇，并树立相互赋能、协同创新、平等合作的平台发展观与平台创业观。

---

① 王新超. 平台思维改造人力资源管理[J]. 互联网经济，2017(4)：84-89.

参考文献

一、英文文献

[1]Aaron Wachhaus. Platform Governance：Developing Collaborative Democracy [J]. Administrative Theory & Praxis, 2017(39)：206-221.

[2] Andrei Hagiu, Julian Wright. Multi-sided Platforms [J]. International Journaof Industrial Organization, 2015(43)：162-174.

[3]Annabelle Gawer, Michael A, Cusumano. How Companies Become Platform Leaders[J]. MIT Sloan Management Review, 2008, 49(2)：28-35.

[4] Annabelle Gawer. Platforms, Markets and Innovation[M]. Northampton：Edward Elgar Pub, 2010.

[5]Ansell, C., Gash, A. Collaborative platform as a governance strategy[J]. Journal of Public Administration Research and Theory, 2018(1)：16-32.

[6]Badwin C. Y., Woodard C. J. The architecture of platforms：A unified view [J]. Working Paper, Harvard University, 2018.

[7]Bosch-sjjtsema P M, Bosch J. Plays nice with others? Multiple ecosystems, various roles and divergent engagement models[J]. Technology analysis & strategic management, 2015, 27(8)：960-974.

[8] Boudreau, K. J., Hagiu, A. Platform Rules：Multi-sided platforms as regulators[J]. Harvard Business School Working Paper, Harvard Business School, 2008：9-61.

[9]C. E. Helfat, R. S. Raubitschek. Dynamic and integrative capabilities for

profiting from innovation in digital platform-based eco-systems[J]. Research policy, 2018, 47(8): 1391-1399.

[10] Carliss Y. Baldwin and C. Jason Woodard. The Architecture of Platform: A Unified View[R]. Working Paper, Harvard University, 2008.

[11] Ciborra C. U. The platform organization: recombining strategies, structures and surprises[J]. Organization science, 1996, 7(2): 103-118.

[12] Davids. Evans. Governing Bad Behavior by Users of Multi-sided Platforms [J]. Berkeley Technology Law Journal, 2012, (27): 1201-1250.

[13] David S. Evans and Richard Schmalensee. Catalyst Code: The Secret behind the World's Most Dynamic Companies [M]. Boston: Harvard Business School Press, 2007.

[14] DAVIS J P. The group dynamics of interorganizational relationships: collaborating with multiple partners in innovation ecosystems [J]. Administrative science quarterly, 2016, 61(4): 621-661.

[15] E. Glen Weyl. A Price Theory of Multi-sided Platforms[J]. American Economic Review, 2010, 100(4): 1642-1672.

[16] Eisenmann T. Managing Proprietary and Shared Platforms[J]. California Management Review, 2008, 50(4): 31-53.

[17] Eisenmann, T., Parker, G., van Alstyne, M. Strategies for two-sided markets[J]. Harvard Business Review, 2016(10): 1-10.

[18] Erol Kazan, Chee-Wee Tan, Eric T. K. Lim, etal. Disentangling digital platform competition: the case of UK mobile payment platforms[J]. Journal of management information systems, 2018, 35(1): 180-219.

[19] Evans D S. How catalysts ignite: The economics of platform-based start-ups [A]. Gawer A. Platforms, markets and innovation[C]. Northampton: Edward Elgar, 2009: 2-9.

[20] Evans, D. S. Some Empirical aspects of multi-sided platform industries[J]. Review of Network Economics, 2003, 2(3): 191-209.

[21] Fernandez, S. Understanding contract performance: An empirical analysis. Administration and Society, 2009, 41(1): 67-100.

[22] Gawer A, Cusumano M A. Industry platforms and ecosystem innovation[J].

Journal of Product Innovation Management, 2014, 31(3): 417-433.

[23] Gawer A. Bridging Differing Perspectives on Technological Platforms: Toward AnIntegrative Framework[J]. Research Policy, 2014, 43(7): 1239-1249.

[24] Gawer Annabelle, and M. Cusumano. How Companies become Platform Leaders[J]. MIT Sloan Management Review, 2008, 49(2): 27-35.

[25] Geoffrey G. Parker and Marshall Van Alstyne. Platform Strategy [Z]. NewPalgrave Encyclopedia of Business Strategy, New York: Macmillan, 2014.

[26] Gezinus J. Hidding. Jeff Williams and John J. Sviokla. How platform leaders win[J]. Journal of Business Strategy. 2011, 32(2): 29-37.

[27] Hagiu, A. Merchant or Two-sided Platform [J]. Review of Network Economics, 2007, 6(2): 115-133.

[28] Hagiu, A., Wright, J. Multi-sided platforms[J]. International Journal of Industrial Organization, 2015(43). 162-174.

[29] Hagiu, A. Multi-sided Platforms, From Microfoundations to Design and Expansion Strategies[R]. Harvard Business School, Working Paper, 2009.

[30] Iansiti M, Richards G L. The information technology ecosystem: Structure, health, and performance[J]. The Antitrust Bulletin, 2006, 51(1): 77-109.

[31] J. Sviokla and A. Paoni. Every Product's Platform[J]. Harvard Business Review, 2005, 83(3): 17-18.

[32] Janssen, M., Estevez, E. Lean government and platform-based governance—Doing more with less[J]. Government Information Quarterly, 2013(30): S1-S8.

[33] John Rossman. The Amazon Way: 14 Leadership Principles Behind the World's Most Disruptive Company[M]. Publisher: CreateSpace Independent Publishing Platform, 2014.

[34] Kelley, T. M., Johnston, E. Discovering the Appropriate Role of Serious Games in the Design of Open Governance Platforms [J]. Public Administration Quartely, 2012, 36(4), 504-556.

[35] Kevin J. Boudreau and Andrei Hagiu. Platform Rules: Multi-sided Platforms as Regulators[R]. Working Paper. Harvard University, 2008.

[36] Kevin J. Boudreau. Open Platform Strategies and Innovation: Granting Access vs. Devolving Control[J]. Management Science, 2010, 56(10): 1849-1872.

[37] Lee E, Lee J, Lee J. Reconsideration of the winner-take-all hypothesis: Complex networks and local bias[J]. Management Science, 2006, 52(12): 1838-1848.

[38] Luchetta, G. Is the Google Platform A Two-sided Market? [R]. 23rd European Regional Conference of the International Telecommunication Society, Vienna, Austria, 2012.

[39] Maine, L. L. Viewpoints: Optimizing the public health platform[J]. American Journal of Pharmaceutical Education, 2012, 76(9): 165.

[40] Mare H. Meyer and A. P. Lehnerd. The Power of Product Platforms[M]. New York: Free Press, 1997.

[41] Marijn Janssen and Elsa Estevez. Lean government and platform-based governance—Doing more with less[J]. Government Information Quarterly, 2013(30): 1-8.

[42] Michael A. Cusumano and A. Gawer. The Elements of Platform Leadership [J]. MIT Sloan management review, 2002, 43(3): 51-58.

[43] Michael A. Cusumano. Staying powder: Six Enduring Principles for Managing Strategy and Innovation in an Uncertain World[M]. London: Oxford University Press, 2010.

[44] Michael A. Cusumano. The platform Leader's Dilemma[J]. Communication of the ACM, 2011, 54(10): 21-24.

[45] Michael A. Gawer and Michael A. Cusumano. Platform Leadership: How Intel, Microsoft and Cisco Drive industry innovation[M]. Boston: Harvard Business School Press, 2002.

[46] Michael Cusumano. Technology Strategy and Management The Evolution of Platform Thinking[J]. Communications of the Acm, 2010(1): 32-34.

[47] Nambisan S. Baron R. A. Entrepreneurship in innovation ecosystems:

Entrepreneurs'self regulatory process and their implication for new venture success[J]. Entrepreneurship Theory & Pratice, 2013(9): 1071-1096.

[48]Nash, V., Bright, J., Margetts, H., Lehdonvirta, V. Public policy in the platform society[J]. Policy & Internet, 2017, 9(4): 368-373.

[49]Parker G, Van Alstyne M, Jiang X. Platform ecosystems: how developers invert the firm[J]. Management information systems quarterly, 2017, 41(1): 255-266.

[50]Parker G. and Van Alstyne M. Six Challenges in Platform Licensing and Open Innovation[J]. Communication & Strategies, 2009, 74(2): 17-35.

[51]Parker G. and Van Alstyne M. W. Innovation, Openness and Platform Control[R]. Mimeo Tulane University and MIT, 2014.

[52]Parker G., Van Alstyne M. A. Digital Postal Platform: Definitions and Roadmap[R]. America: The MIT Center of Digital Business, 2012.

[53]Perrons, R. The open Kimono: How Intel balances trust and power to maintain platform leadership[J]. Res. Policy, 2009, 38(8): 1300-1312.

[54]Phil Simon. The Age of the Platform: How Amazon, Apple, Facebook, and Google Have Redefined Business[M]. Las Vegas: Motion Publishing LLC, 2011.

[55]Robertson, David, and Karl Ulrich. Planning for Product Platform[J]. Sloan Management Review, 1998, (2): 19-31.

[56]Rochet, J. C. Tirole, J. Platform Competition in Two-sided Markets[J]. Journal of the European Economics Association, 2003, 1(4): 990-1209.

[57]Rong K, Lin Y, Shi Y J, et al. Linking business ecosystem lifecycle with platform strategy[J]. International Journal of Technology Management, 2013, 62(1): 75-94.

[58]ROSON, R. Auctions in a Two-sided Network: The Case of Meal Vouchers[Z]. Ca'Foscari University of Venice, 2004.

[59]Rotter, J. B. Interpersonal Trust, Trustworthinsee, and Gullibility[J]. American Psychologist, 1980, 35(1), 1-7.

[60]Rubenstein, H. The platform-driven organization[J]. Handbook of Business Strategy, 2005, 6(1): 189-192.

[61] Russ Abbott. Multi-sided platforms[R]. Working paper, California State University, 2009.

[62] Rysman, M. The Economics of Two-sided Markets[J]. Journal of Economic Perspectives, 2009, 23(3): 125-143.

[63] Sangeet Paul Choudary, Marshall W. Van Alstyne, Geoffrey G. Parker. Platform Revolution: How Networked Markets Are Transforming the Economy & How to Make Them Work for You[M]. New York: W. W. Norton & Company, 2016.

[64] Sangeet Paul Choudary. Platform Scale: How an emerging business model helps startups build large empires with minimum investment[R]. Platform Thinking Labs, 2015.

[65] Simon, H. A. Administrative behavior: A study of decision-marking processes in administrative organization[M]. New York: Macmillan, 1976.

[66] Stabell CB, Fjeldstad D. Configuring Value for Competitive Advantage: on Chains, Shops and Network[J]. Strategic Management Journal, 1998, 19(5): 413-437.

[67] Sternberg R, Wennekers S. Determinants and effects of new business creation using global enterpreneuship monitor data[J]. Small Business Economics, 2005(3): 193-203.

[68] Su Y, Zheng Z, Chen J. A multi-platform collaboration innovation ecosystem: the case of China[J]. Management decision, 2018, 56(1): 125-142.

[69] Sun M C, Tse E. When does the winner take all in two-sided markets? [J]. Review of Network Economics, 2007, 6(1): 16-41.

[70] Thomas L D W, Autio E, Gann D M. Architectural leverage: Putting platforms in context[J]. Academy of Management Perspectives, 2014, 28(2): 198-219.

[71] Tim O'Reilly. Government as a Platform[J]. Innovations, 2010, 6(1): 13-40.

[72] van Dijck, J., Poell, T., & de Waa, M. The platform society: Public values in a connective world[M]. New York: Oxford University

Press, 2018.

[73] Wachhaus, A. Platform governance: Developing collaborative democracy [J]. Administrative Theory & Praxis, 2017, 39(3): 206-221.

[74] Walravens, N., Ballon, P. Platform business models for smart cities: From control and value to governance and public value[J]. IEEE Communications Magazine, 2013, 51(6): 72-79.

[75] West J, Bogers M. Open innovation: current status and research opportunities[J]. Innovation, 2017, 19(1): 43-50.

二、中文文献

[1]阿里研究院，德勤研究. 平台经济协同治理三大议题[R]. http://i.aliresearch.com, 2017.

[2]阿里研究院. 平台经济[M]. 北京：机械工业出版社，2016.

[3]阿姆瑞特·蒂瓦纳. 平台生态系统：架构策划、治理与策略[M]. 侯赟慧，赵驰，译. 北京：北京大学出版社，2018.

[4]安德烈·哈丘，西蒙·罗斯曼. 规避网络市场陷阱[J]. 哈佛商业评论(中文版)，2016(4)：65-71.

[5]布鲁贝克. 高等教育哲学[M]. 王承绪，等译. 杭州：浙江教育出版社，1987.

[6]蔡宁伟. 自组织与平台组织的崛起[J]. 清华管理评论，2015(11)：70-76.

[7]常铁军，元帅. “空间嵌入”与地方政府治理现代化[J]. 中国行政管理，2018(9)：74-78.

[8]陈兵. 互联网平台经济发展的法治进路[J]. 社会科学辑刊，2019(2)：155-160.

[9]陈兵. 互联网平台经济运行的规制基调[J]. 中国特色社会主义研究，2018(3)：51-60.

[10]陈春花. 打破边界的思维方式[J]. 企业管理，2017(7)：1.

[11]陈红玲，张祥建，刘潇. 平台经济前沿研究综述与未来展望[J]. 云南财经大学学报，2019(5)：3-11.

[12]陈健. 创新生态系统：概念、理论基础与治理[J]. 科技进步与对策，2016(17)：153-160.
[13]陈威如，余卓轩. 平台战略：正在席卷全球的商业模式革命[M]. 北京：中信出版社，2013.
[14]陈威如，刘诗一. 平台转型[M]. 北京：中信出版社，2015.
[15]陈威如，徐玮伶. 平台组织：迎接全员创新的时代[J]. 清华管理评论，2014(7)：46-54.
[16]崔晓明，姚凯，胡君辰. 交易成本、网络价值与平台创新——基于38个平台实践案例的质性分析[J]. 研究与发展管理，2014(3)：22-30.
[17]戴维·S. 埃尔斯，理查德·施马兰奇. 连接：多边平台经济学[M]. 张昕，等译. 北京：中信出版社，2018.
[18]戴维·S. 埃文斯，理查德·施马兰西. 触媒密码[M]. 陈英毅译. 北京：商务印书馆，2011.
[19]丁元竹. 平台型政府运行机制的设计思路[J]. 中国浦东干部学院学报，2017(2)：123-128.
[20]丁元竹. 积极探索建设平台政府，推进国家治理现代化[J]. 经济社会体制比较，2016(6)：1-5.
[21]杜玉申，楚世伟. 平台网络成长的动力机制与复杂平台网络管理[J]. 中国科技论坛，2017(2)：44-50.
[22]杜玉申，杨春辉. 平台网络管理的"情境--范式"匹配模型[J]. 外国经济管理，2016(8)：27-45.
[23]方军，程明霞，徐思彦. 平台时代[M]. 北京：机械工业出版社，2017.
[24]浮婷，王欣. 平台经济背景下的企业社会责任治理共同体[J]. 消费经济，2019(5)：77-88.
[25]符平，李敏. 平台经济模式的发展与合法性建构——以武汉市网约车为例[J]. 社会科学，2019(1)：76-87.
[26]顾瑾. 众创空间发展与国家高新区创新生态体系建构[J]. 改革与战略，2015(4)：66-70.
[27]圭多·斯莫尔托，宁萌. 平台经济中的弱势群体保护[J]. 环球法律评论，2018(4)：55-68.
[28]韩沐野. 传统科层制组织向平台型组织转型的演进路径研究[J]. 中国

人力资源开发，2017(3)：114-120.
[29]韩巍. 政府购买公共就业人才服务研究[M]. 北京：中国言实出版社，2016.
[30]何筠，杨洋，王萌，罗红燕. 论我国公共就业培训的监管和绩效评价[J]. 南昌大学学报(人文社会科学版)，2015(5)：59-64.
[31]何筠，张廷峰，况芬. 公共就业培训效果评价[J]. 江西社会科学，2015(5)：214-217.
[32]洪大用，毛基业. 中国大学生创业报告2017[M]. 北京：中国人民大学出版社，2018.
[33]胡天助. 瑞典隆德大学创业教育生态系统构建及其启示[J]. 中国高教研究，2018(8)：87-93.
[34]黄宾. 创业生态要素、创业聚集与创业发展——中国四类草根创业平台的实证比较[J]. 技术经济，2016(7)：90-95.
[35]黄璜. 互联网+、国家治理与公共政策[J]. 电子政务，2015(7)：54-65.
[36]纪汉霖，王小芳. 双边市场视角下平台互联互通问题的研究[J]. 南方经济，2007(11)：72-80.
[37]冀勇庆，杨嘉伟. 平台征战[M]. 北京：清华大学出版社，2009.
[38]姜琪，王璐. 平台经济市场结构决定因素、最优形式与规制启示[J]. 上海经济研究，2019(11)：18-29.
[39]杰奥夫雷 G. 帕克，马歇尔 W. 范·埃尔斯泰恩，桑基特·保罗·邱达利. 平台革命：改变世界的商业模式[M]. 志鹏，译. 北京：机械工业出版社，2017.
[40]金杨华，潘建林. 基于嵌入式开放创新的平台领导与用户创业协同模式[J]. 中国工业经济，2014(2)：148-160.
[41]敬乂嘉. 从购买服务到合作治理——政社合作的形态与发展[J]. 中国行政管理，2014(7)：54-59.
[42]李宏，孙道军. 平台经济新战略[M]. 北京：中国经济出版社，2018.
[43]李锐，张甦，袁军. 积极就业政策中的政府选择与撇脂效应[J]. 人口与经济，2018(4)：34-43.
[44]李顺杰，杨怀印. 美国加州合作型就业培训项目对我国地方政府促进

就业的启示[J]. 税务与经济，2017(2)：51-56.

[45]李震，王新新. 平台内网络效应与跨平台网络效应作用机制研究[J]. 科技进步与对策，2016(20)：18-24.

[46]利奥尼德·赫维茨，斯坦利·瑞. 经济机制设计[M]. 田国强，等译. 上海：格致出版社，2014.

[47]梁晗，费少卿. 基于非价格策略的平台组织治理模式探究[J]. 中国人力资源开发，2017(8)：117-124.

[48]林英泽. 电商平台规则与共享经济发展[J]. 中国流通经济，2018(1)：85-92.

[49]刘皓琰. 信息产品与平台经济中的非雇佣剥削[J]. 马克思主义研究，2019(3)：67-76.

[50]刘鸿渊. 大学组织属性与合作治理逻辑研究[J]. 江苏高教，2014(1)：18-20.

[51]刘家明，胡建华. 多边平台创建与平台型治理：地方公共卫生应急体系优化的对策[J]. 中国矿业大学学报(社会科学版)，2020(2)：75-87.

[52]刘家明，柳发根. 平台型创新：概念、机理与挑战应对[J]. 中国流通经济，2019(10)：51-58.

[53]刘家明，谢俊，张雅婷. 多边公共平台的社会网络结构研究[J]. 科技管理研究，2019(4)：246-251.

[54]刘家明. 多边公共平台的运作机理与管理策略[J]. 理论探索，2020(1)：98-105.

[55]刘家明. 多边公共平台治理绩效的影响因素分析[J]. 江西社会科学，2019(7).

[56]刘家明. 高校人才培养平台模式及其向多边平台转型的思考[J]. 国家教育行政学院学报，2019(6)：59-66.

[57]刘家明. 公共平台建设的多维取向[J]. 重庆社会科学，2017(1)：29-35.

[58]刘家明. 公共平台判别标准研究：双边平台界定标准的引入[J]. 云南行政学院学报，2018，(5)：116-121.

[59]刘家明. 国外平台领导研究：进展、评价与启示[J]. 当代经济管理，2020(5)：2-14.

[60]刘家明. 平台型治理：内涵、缘由及价值析论[J]. 理论导刊，2018(8)：22-26.

[61]刘家明. 以双边平台为重点的公共平台分类研究[J]. 广东行政学院学报，2017(2)：10-15.

[62]刘家明，耿长娟. 从分散监管到协同共治：平台经济规范健康发展的出路[J]. 商业研究，2020(8)：37-44.

[63]刘家明. 多边公共平台战略模式研究[M]. 北京：中国社会科学出版社，2018.

[64]刘绍荣，等. 平台型组织[M]. 北京：中信出版社，2019.

[65]刘学. 重构平台与生态：谁能掌控未来[M]. 北京：北京大学出版社，2017.

[66]卢小平. 公共服务 O2O 平台建设研究[J]. 中国特色社会主义研究，2017(3)：50-56.

[67]马歇尔·范阿尔斯丁，杰弗里·帕克，桑杰特·保罗·乔达例. 平台时代战略新规则[J]. 哈佛商业评论(中文版)，2016(4)：56-63.

[68]迈克尔·波特. 竞争优势[M]. 陈小悦译，北京：华夏出版社，1997.

[69]穆胜. 释放潜能：平台型组织的进化路线图[M]. 北京：人民邮电出版社，2018.

[70]尼克·斯尔尼塞克. 平台资本主义[M]. 程水英，译. 广州：广东人民出版社，2018.

[71]曲创，刘重阳. 互联网平台经济的中国模式[J]. 财经问题研究，2018(9)：10-14.

[72]苏晓红. 我国政府规制体系改革问题研究[M]. 北京：中国社会科学出版社，2017.

[73]孙晋，徐则林. 平台经济中最惠待遇条款的反垄断法规制[J]. 当代法学，2019(5)：98-108.

[74]汤海孺. 创新生态系统与创新空间研究——以杭州为例[J]. 城市规划，2015(6)：19-24.

[75]陶希东，刘思弘. 平台经济呼唤平台型政府治理模式[J]. 浦东开发，2013(12)：36-39.

[76]托马斯·弗里德曼. 世界是平的[M]. 何帆，等译. 长沙：湖南科学技

术出版社，2008.
[77]汪旭晖，张其林. 平台型网络市场中的“柠檬问题”形成机理与治理机制[J]. 中国软科学，2017(10)：31-51.
[78]王宾齐. 中国大学组织结构非学术化的新制度主义分析[J]. 国家教育行政学院学报，2010(11)：53-56.
[79]王凤彬，王骁鹏，张驰. 超模块平台组织结构与客制化创业支持[J]. 管理世界，2019(2)：121-150.
[80]王俐，周向红. 结构主义视阈下的互联网平台经济治理困境研究[J]. 江苏社会科学，2019(4)：76-85.
[81]王俐，周向红. 平台型企业参与公共服务治理的有效机制研究[J]. 东北大学学报(社会科学版)，2018(6)：602-607.
[82]王明杰. 主要发达国家城市创新创业生态体系[J]. 行政论坛，2016(2)：99-104.
[83]王茜. 互联网平台经济从业者的权益保护问题[J]. 云南社会科学，2017(4)：47-53.
[84]王新超. 平台思维改造人力资源管理[J]. 互联网经济，2017(4)：84-89.
[85]王阳. 供给侧结构性改革中就业质量的突出问题和提高路径[J]. 中国人力资源开发，2019(9)：48-62.
[86]王旸. 平台战争[M]. 北京：中国纺织出版社，2013.
[87]王勇，冯骅. 平台经济的双重监管：私人监管与公共监管[J]. 经济学家，2017(11)：73-80.
[88]王勇，戎珂. 平台治理：在线市场的设计、运营与监管[M]. 北京：中信出版集团，2018.
[89]王玉梅，徐炳胜. 平台经济与上海的转型发展[M]. 上海：上海社会科学院出版社，2014.
[90]魏丽艳，丁煜. 基于凭单制的公共就业培训准市场模式研究[J]. 厦门大学学报(哲学社会科学版)，2015(3)：135-142.
[91]魏小雨. 政府主体在互联网平台经济治理中的功能转型[J]. 电子政务，2019(3)：46-56.
[92]西奥多·W. 舒尔茨. 论人力资本投资[M]. 吴珠华，译. 北京：北京经

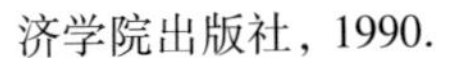
济学院出版社，1990.

[93]肖红军，李平. 平台型企业社会责任的生态化治理[J]. 管理世界，2019(4)：120-145.

[94]谢富胜，吴越，王生升. 平台经济全球化的政治经济学分析[J]. 中国社会科学，2019(12)：62-82.

[95]熊鸿儒. 我国数字经济发展中的平台垄断及其治理策略[J]. 改革，2019(7)：52-61.

[96]徐晋. 平台经济学——平台竞争的理论与实践[M]. 上海：上海交通大学出版社，2007.

[97]许源源，涂文. 对立还是共生：政府与社会组织间的信任关系研究[J]. 甘肃行政学院学报，2018(5)：97-107+128.

[98]亚历克斯·莫塞德，尼古拉斯 L. 约翰逊. 平台垄断：主导 21 世纪经济的力量[M]. 杨菲译. 北京：机械工业出版社，2017.

[99]闫冬. 平台用工劳动报酬保护研究：以外卖骑手为样本[J]. 中国人力资源开发，2020(2)：114-123.

[100]阳镇. 平台型企业社会责任：边界、治理与评价[J]. 经济学家，2018(5)：85-92.

[101]抑扬. 杜拉克谈企管"观念革命"[J]. 中外管理，1999(2)：19.

[102]易开刚，张琦. 平台经济视域下的商家舞弊治理：博弈模型与政策建议[J]. 浙江大学学报(人文社会科学版)，2019(5)：127-142.

[103]余文涛. 地理租金、网络外部性与互联网平台经济[J]. 财经研究，2019(3)：141-153.

[104]袁祖望，付佳. 从官僚制到官本位：大学组织异化剖析[J]. 现代大学教育，2010(6)：48-51.

[105]张成福. 开放政府论[J]. 中国人民大学学报，2014(3)：79-89.

[106]张成刚. 问题与对策：我国新就业形态发展中的公共政策研究[J]. 中国人力资源开发，2019(2)：74-82.

[107]张庆红，等. 新创企业平台型组织的构建与有效运行机制[J]. 中国人力资源开发，2018(9)：139-148.

[108]张小宁. 平台战略研究述评及展望[J]. 经济管理，2014(3)：190-199.

[109]赵放，曾国屏. 多重视角下的创新生态系统[J]. 科学学研究，2014(12)：1781-1788.

[110]赵剑波，王欣，沈志渔. 创新型企业研发支撑体系的构建和激励政策研究[J]. 新视野，2014(2)：45-48.

[111]赵镛浩. 平台战争[M]. 吴苏梦，译. 北京：北京大学出版社，2012.

[112]周德良，杨雪. 平台组织：产生动因与最优规模研究[J]. 管理学刊，2015(6)：54-58.

[113]周俊. 政府购买公共服务的风险及其防范[J]. 中国行政管理，2010(6)：13-18.

[114]周文辉，等. 创业平台赋能对创业绩效的影响[J]. 管理评论，2018(12)：276-283.

[115]朱峰，内森·富尔. 四步完成从产品到平台的飞跃[J]. 哈佛商业评论，2016(4)：73-77.

[116]卓越，王玉喜. 平台经济视野的网约车风险及其监管[J]. 改革，2019(9)：83-92.

后 记

本书从平台革命背景下的治理应对视角出发，主要探讨了平台领导、政府、社会、大学及个人作为平台革命的主体，同时作为平台革命的客体的治理机理与对策。专著写作终究是一件费时、费力、费脑，却不“讨好”的事情。为此，起初并无出书计划。但多年来持续地学习、思考与研究，尤其是阅读《平台革命》一书后，自己深受其启发和鼓舞。作为商业模式、组织范式、治理模式的社会全方位革命，平台革命是一个时代的革命，正在向公共治理领域持续且深入推进。政府搭台、社会或市场唱戏的中国治理传统必将进一步走向平台型治理，成为中国之治的一个成功缩影。当然，研究过程中受益于很多人的帮助和支持，本书才得以顺利出版。遂借“后记”表达感谢之意。

本书的一小部分内容由我和胡建华、柳发根、耿长娟等同事，以及蒋亚琴、王海霞等研究生合作撰写，具体内容可见本书参考文献或中国知网上刊登的合作论文。这里要感谢合作者在思路启发、调查研究、修改润色等方面做出的贡献，但本书文责由我独自承担。

本书由江西理工大学资助出版，衷心感谢江西理工大学“清江学术文库”的出版资助和江西理工大学博士启动基金项目“多边公共平台战略模式研究”(jxxjbs17067)的研究资助！特别感谢学院黎志明书记、项波院长、胡建华副院长对本人生活上的关心厚爱和工作上的大力支持！同时，再次感谢我的博士生导师赵丽江老师的殷切指导和庞明礼教授的帮助！

中南大学出版社的汤佳、沈常阳、郑伟等编辑不辞辛劳、认真负责的审校工作使书稿得到了进一步的规范，并使本书顺利出版，特别感谢！

感谢家人的精神支持及对我的事业的默默付出！我因写作而减少了许多陪伴一对儿女的时间，心中不免多了些愧疚，然而童真的乐趣却为我增添了研究中的不少灵感与动力。

最后，再次衷心感谢所有在学业上支持、在工作中帮助、在生活中关心我的领导、老师、同事、同学、学生、亲人和朋友们！

图书在版编目(CIP)数据

平台革命背景下的治理对策研究 / 刘家明著. —长沙：中南大学出版社，2020.12

ISBN 978-7-5487-4272-2

Ⅰ.①平… Ⅱ.①刘… Ⅲ.①互联网络—治理—研究 Ⅳ.①TP393.4

中国版本图书馆 CIP 数据核字(2020)第 236318 号

平台革命背景下的治理对策研究

刘家明 著

□**责任编辑** 沈常阳 郑 伟

□**责任印制** 易红卫

□**出版发行** 中南大学出版社

社址：长沙市麓山南路 邮编：410083

发行科电话：0731-88876770 传真：0731-88710482

□**印 装** 湖南省汇昌印务有限公司

□**开 本** 880 mm×1230 mm 1/32 □**印张** 8.75 □**字数** 226 千字

□**版 次** 2020 年 12 月第 1 版 □2020 年 12 月第 1 次印刷

□**书 号** ISBN 978-7-5487-4272-2

□**定 价** 32.00 元